高职高专机电类规划教材

先进制造技术

王晓奇　李　荣　主编

郭建尊　关玉琴　主审

化学工业出版社

·北京·

本书主要讲述了先进制造技术的发展背景、特征和发展趋势，计算机辅助设计与制造，高速加工技术，超精密加工技术，特种加工技术，纳米加工技术，快速成形制造技术，工业机器人的组成及分类，工业机器人在制造业中的应用，柔性制造技术，3D 打印技术，先进制造生产模式、先进生产管理技术等。

本书可作为高职高专机电类专业的教材，也可作为自学参考用书。

图书在版编目（CIP）数据

先进制造技术/王晓奇，李荣主编．—北京：化学工业出版社，2016.7（2023.1 重印）
高职高专机电类规划教材
ISBN 978-7-122-26663-7

Ⅰ.①先… Ⅱ.①王…②李… Ⅲ.①机械制造工艺-高等职业教育-教材 Ⅳ.①TH16

中国版本图书馆 CIP 数据核字（2016）第 065909 号

责任编辑：潘新文　　装帧设计：韩　飞
责任校对：宋　玮

出版发行：化学工业出版社（北京市东城区青年湖南街 13 号　邮政编码 100011）
印　　装：涿州市般润文化传播有限公司
787mm×1092mm　1/16　印张 8¼　字数 196 千字　2023 年 1 月北京第 1 版第 4 次印刷

购书咨询：010-64518888　　售后服务：010-64518899
网　　址：http：//www.cip.com.cn
凡购买本书，如有缺损质量问题，本社销售中心负责调换。

定　　价：24.00 元

FOREWORD 前言

制造业是国民经济的支柱产业，先进制造技术是当前制造业发展的主要技术支持力量。在当今激烈的国际市场竞争中，各生产制造厂家只有采用先进制造技术，才有可能大幅缩短生产周期，快速提升生产效率，稳步提高产品质量，在市场竞争中求得生存与发展。

先进制造技术是制造技术和信息技术及其他现代高新技术相结合而形成的一个完整的技术群，其内涵十分丰富，具有集成性、动态性、智能性、可持续性等特征。本书力求将先进制造技术的主要方面及核心问题展示给读者。

本书共分 6 章。第 1 章概括介绍了先进制造技术的发展背景、内涵、特征和发展趋势。第 2 章介绍了计算机辅助技术，包括计算机辅助设计，计算机辅助工程分析，计算机辅助制造以及计算机辅助工艺过程设计等。第 3 章介绍了先进制造工艺技术，包括高速加工技术、超精密加工技术、特种加工技术、纳米加工技术、快速成形制造技术等。第 4 章介绍了制造自动化技术，包括制造自动化的基本概念，制造自动化技术的发展，工业机器人的组成及分类，工业机器人在制造业中的应用，柔性制造技术及应用，3D 打印技术的工作原理、分类及应用等。第 5 章、第 6 章介绍了先进生产管理技术，包括先进生产管理信息系统，产品数据管理技术，及时生产技术以及现代质量保证技术等。

本书由王晓奇、李荣主编，杨兆、史士财任副主编，郭建尊、关玉琴任主审。编写分工为：第 1、2、4 章主要由李荣编写，第 3、5 章主要由王晓奇编写，第 6 章和第 2 章第 2 节、第 3 章第 4 节由杨兆编写，第 4 章第 2 节由史士财编写。刘玲、王京、武艳慧、牛海霞、刘永斌、周明召、吕文春、范哲超、丰洪微、王旭元、刘刚、韩晓雷和李晶也参与了本书部分内容的编写工作，全书由史士财统稿。

本书可作为高职高专机械制造和机电一体化等专业的教材，也可作为自学读物。

由于编者水平有限，加之编写时间仓促，书中难免有不足之处，敬请各位专家、老师和广大读者批评指正。

编　者

2016 年 2 月

CONTENTS

目录

第1章

先进制造技术概述

1.1 制造技术概述

随着科技的进步和经济的发展，人类对制造技术提出了越来越高的要求，越来越多的制造企业开始将大量的人力、财力和物力投入到先进制造技术和先进制造模式的研究和实施中。先进制造技术是传统制造技术不断吸收信息技术及现代管理等方面成果的综合产物，它集机械、电子、光学、信息、材料、能源、环境、现代管理等技术于一体，是实现优质、高效、低耗、清洁、灵活生产的技术基础。

制造技术是指人类运用其掌握的技能，借助于客观工具，采用有效的工艺方法和必要的能源，将原材料转化为最终物质产品的技术。制造业是所有与制造技术有关的行业的总称，是一个国家国民经济的支柱。据统计，工业化国家70%～80%的物质财富来自制造业，约有1/4的人口从事各种形式的制造活动。制造业的主要分类见表1-1。

表1-1 制造业主要分类

1	农副食品加工业	17	橡胶和塑料制品业
2	食品制造业	18	非金属矿物制品业
3	酒、饮料和精制茶制造业	19	黑色金属冶炼和压延加工业
4	烟草制品业	20	有色金属冶炼和压延加工业
5	纺织业	21	金属制品业
6	纺织服装、服饰业	22	通用设备制造业
7	皮革、毛皮、羽毛及其制品和制鞋业	23	专用设备制造业
8	木材加工和木、竹、藤、棕、草制品业	24	汽车制造业
9	家具制造业	25	铁路、船舶、航空航天和其他交通运输设备制造业
10	造纸和纸制品业	26	电气机械和器材制造业
11	印刷和记录媒介复制业	27	计算机、通信和其他电子设备制造业
12	文教、工美、体育和娱乐用品制造业	28	仪器仪表制造业
13	石油加工、炼焦和核燃料加工业	29	其他制造业
14	化学原料和化学制品制造业	30	废弃资源综合利用业
15	医药制造业	31	金属制品、机械和设备修理业
16	化学纤维制造业		

人类文明的发展与制造技术的进步密切相关。在石器时代，人类使用石器作为劳动工具，到青铜器、铁器时代，人类开始使用铸锻工具。18 世纪初瓦特发明了蒸汽机后，纺织业、机器制造业取得了革命性的变化，引发了第一次工业革命，近代工业化大生产开始出现。二战后，随着计算机、微电子技术、信息技术及自动化技术的发展，柔性自动化制造技术出现，其典型代表就是数控设备。计算机技术和其他应用技术的深入结合，进一步促进了制造自动化技术的发展。20 世纪 80 年代末，国际上提出了先进制造技术的概念，以此来概括由微电子技术、自动化技术、信息技术等给传统制造技术带来的种种变化。

1.2 先进制造技术的发展

1987 年，美国加州大学伯克利分校研制出直径约 100μm 的微马达，标志着微机械的出现。1993 年，美国 ADI 公司成功地将微型加速度计商品化，并大量应用于汽车防撞气囊。日本从 2002 年开始开发毫米级的内窥镜和能够观察蛋白质活动状态的超精细图像装置。德国将先进制造技术的研发集中在激光、纳米、电子、生物、信息通讯、现代制造、新材料等领域。我国对先进制造技术的发展也给予了充分重视，目前已形成了电子信息、生物技术、新材料、机电一体化、激光等五大领域的高新技术产业群。

目前，纳米技术，超精密加工技术，快速原型制造技术，虚拟制造技术等先进制造技术在航空航天、军事、精密机床、微电子等领域得到日益广泛的应用。波音 777 飞机研制过程中采用了 CATIA 技术，使得成千上万的零件在制成实物前可以进行数字化设计和装配，如图 1-1 所示。

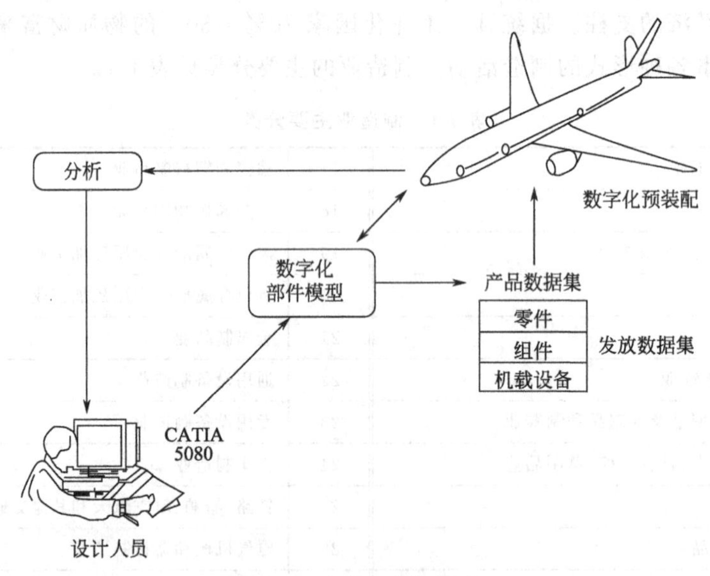

图 1-1 飞机数字化装配

1.3 先进制造技术的体系结构

美国联邦科学工程和技术委员会提出先进制造技术分为三个部分：主体技术群、支撑技术群、制造基础设施环境。这三个部分相互联系、互相促进，组成一个完整的体系，这是对先进制造技术体系结构的首次较系统的说明。具体见图 1-2。

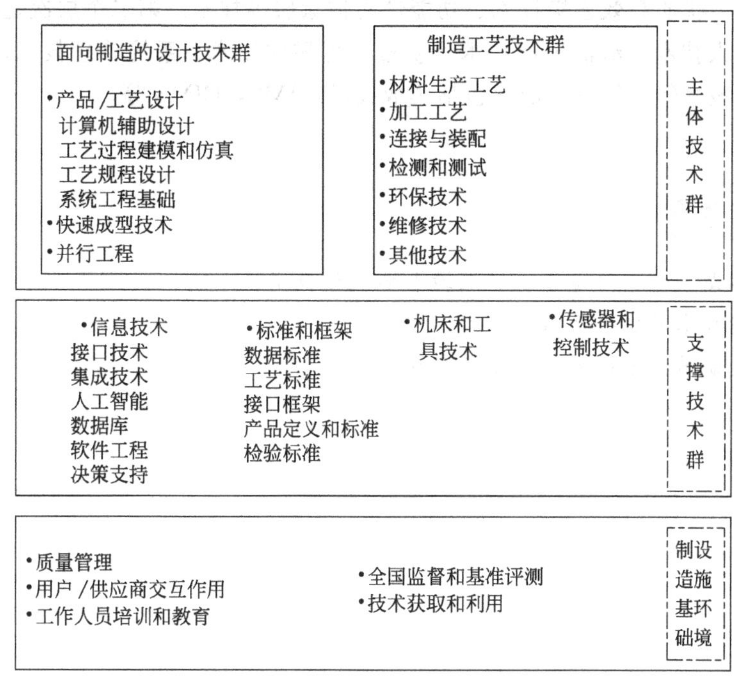

图 1-2 美国先进制造技术体系结构

先进制造技术在不同国家和同一国家的不同发展阶段，有不同的体系结构，中国目前的先进制造技术体系如图 1-3 所示。

由图 1-3 可见，中国目前的先进制造技术体系的第一个层次是优质、高效、低耗清洁基础制造技术，这些基础技术主要有精密下料、精密塑性成型、精密铸造、精密加工、精密测

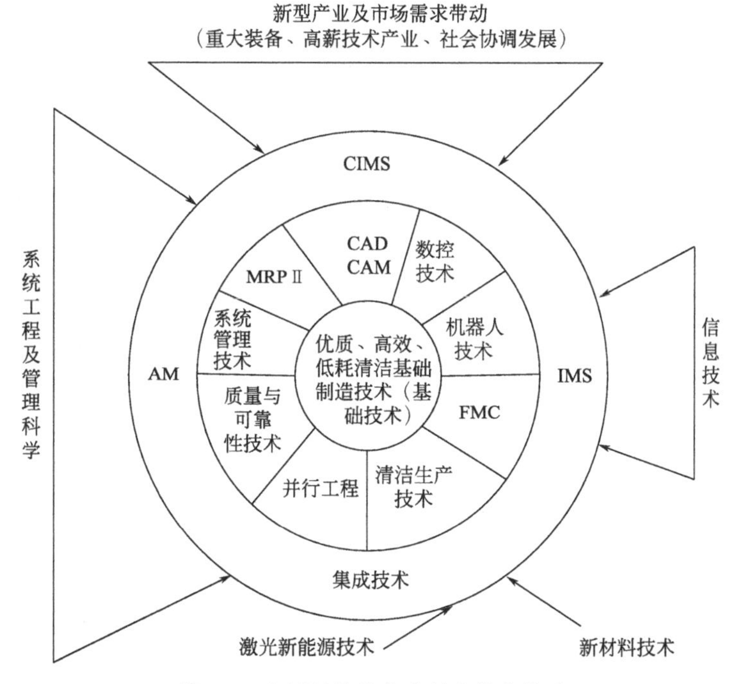

图 1-3 中国目前的先进制造技术体系

量、精密热处理、优质高效连接技术、功能性防护涂层等技术。第二个层次是新型制造单元技术，包括机器人技术、清洁生产技术、质量与可靠性技术、系统管理技术、CAD/CAM、并行工程、数控技术等。第三个层次包括集成技术，IMS，CIMS等。

复习思考题

1. 简述什么是制造、制造系统、制造业和制造技术。
2. 简述制造技术的发展历程。
3. 试述先进制造技术的特点和发展趋势。

第2章

计算机辅助设计与制造技术

2.1 计算机辅助设计与制造概述

在产品设计制造过程的各个阶段引入计算机技术，便产生了计算机辅助设计（CAD）、计算机辅助工程（CAE）、计算机辅助工艺设计（CAPP）及计算机辅助制造（CAM）等技术，它们统称为计算机辅助设计与制造技术，是计算机科学、电子信息技术与现代设计制造技术相结合的产物，也是先进制造技术的重要组成部分，如图2-1所示。计算机辅助设计与制造技术有效提高了企业的技术水平和市场竞争力，并且已经成为衡量一个国家制造技术水平、工业现代化的重要标志之一。

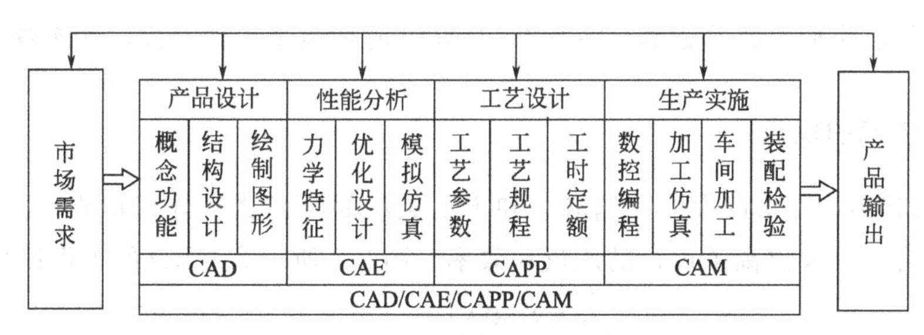

图2-1 计算机辅助设计与制造技术组成

1963年，麻省理工学院的I. E. Sutherland研制出SKETCHPAD系统，该系统可以用光笔在图形显示器上进行选择、定位，实现交互功能，可以把它看作是最早的CAD系统。1965年美国通用汽车公司和洛克希德飞机公司等先后在IBM大型计算机上开发出适用于机械设计的CAD软件。20世纪70年代以来，计算机技术的突飞猛进极大推动了CAD的发展，CAD技术开始广泛应用于设计与制造的各个领域。

在产品设计过程需要进行大量的性能分析计算，由此出现了CAE软件。美国国家航空航天局在1965年委托美国计算科学公司和贝尔航空系统公司开发NASTRAN有限元分析系统，以解决航空航天技术中的结构强度、刚度以及模态实验和分析问题。1963年MSC公司开发出了SADSAM结构分析软件，1965年MSC公司参与美国国家航空航天局发起的计算结构分析方法研究，SADSAM更名为MSC/Nastran。1968年SDRC公司发布了世界上第一个动力学测试及模态分析软件包，1971年推出商用有限元分析软件Supertab（后并入I-DEAS软件）。

计算机辅助制造技术是将计算机技术应用于制造生产过程的技术，其核心是数控技术。

1952年美国麻省理工学院研制成功世界上第一台数控铣床，此后研制出了一系列的数控机床，其中被称为“加工中心”的多功能数控机床能从刀库中自动取刀，并能自动转换工作台位置，能连续完成铣、钻、铰、攻丝等多道工序，这些都是通过程序指令控制运作的，只要改变程序指令就可改变加工过程，数控机床的这种加工灵活性称之为“柔性”。

计算机辅助工艺设计是指利用计算机来制定零件机械加工工艺，完成零件从毛坯到成品的工艺设计，为产品的加工制造提供指导性的文件，是CAD与CAM的中间环节，它根据建模后生成的产品信息及制造要求，自动决策加工该产品所采用的加工方法、加工步骤、加工设备及加工参数，其输出结果一方面能被生产实际所用，生成工艺卡片文件，另一方面能直接输出一些信息，为CAM中的NC自动编程系统接收、识别，直接转换为刀位文件。CAPP的开发研制是从60年代末开始的，世界上最早研究CAPP的国家是挪威，于1969年正式推出世界上第一个CAPP系统AUTOPROS，1973年正式推出商品化的AUTOPROS系统。CAM-I公司于1976年推出CAM-I‘S Automated Process Planning系统。

2.2 CAD技术

CAD（Computer Aided Design）技术即计算机辅助设计技术，主要用于产品设计、工程绘图和数据管理。目前CAD已广泛应用于设计与制造的各个领域，如飞机、汽车、机械、模具、建筑、集成电路等领域，各种CAD软件的功能越来越完善，性能越来越强大。

2.2.1 CAD技术的优点

CAD技术利用计算机巨大的存储能力和丰富灵活的图形文字处理功能，使得人机各尽所长、紧密配合，大大提高了设计的质量和效率。图2-2所示为CAD的工作过程。

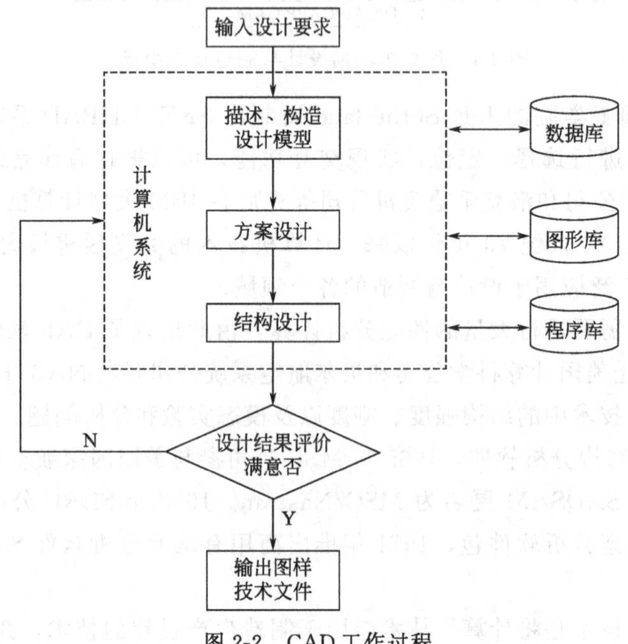

图2-2 CAD工作过程

与传统的设计相比，CAD 技术优点主要表现在以下方面。

（1）可以显著提高效率，缩短设计周期，降低设计成本。很多 CAD 软件都提供了常用标准件库，而产品中标准件占很大比例，对这类零件不需要重新绘制，直接从库里调用，更能有效提高工作效率，避免重复工作。

（2）可以有效地提高设计质量。在计算机系统内存储了许多与设计相关的综合性技术知识，可以为产品设计提供技术支持。采用 CAD 系统可以实现产品结构和参数的标准化，使产品设计更加合理。

（3）可以将设计人员从繁琐的计算和绘图工作中解放出来，使其能够从事更富有创造性的工作。在产品设计中，绘图工作量约占全部工作量的 60%，这一工作大部分可以采用 CAD 技术完成，由此而产生的效益十分显著。

2.2.2 CAD 的几何建模

CAD 几何建模是在几何信息和拓扑信息处理的基础上对几何实体进行描述和表达，CAD 几何建模可划分为以下几种主要类型。

（1）线框建模

线框建模是 CAD 领域中最早用来表示形体的建模方法。这种方法虽然存在着很多不足，而且有逐步被表面模型和实体模型取代的趋势，但它是表面建模和实体建模的基础，并具有数据结构简单的优点，故目前仍有一定的应用。目前线框建模一般只作为其他建模方法输入数据的辅助手段，也可用于一些特定的 CAD 系统，如管道设计、线路布置等。

（2）表面建模

在 CAD/CAM 系统中，经常需要向计算机输入产品的外形数据和结构参数，这些数据往往通过计算求得，然而．当产品结构形状比较复杂，或当表面既不是平面，也无法用数学方法或解析方程描述时，就可采用表面建模的方法，其中曲面建模是计算机图形学和 CAD 领域最活跃、应用最为广泛的几何建模技术之一，这种建模技术所建立的三维形体模型已用于飞机、轮船、汽车的外形设计，地形、地貌、矿藏、石油分布等地理资源的描述中。参数曲面建模应用最多，该方法在拓扑矩形的边界网格上，利用混合函效在纵向和横向两对边界曲线间构造光滑过渡曲线，即把需要建模的曲面划分为一系列曲面片，用连接条件对其进行拼接来生成整个曲面。曲面建模技术主要研究曲面的表示、分析和控制以及由多个曲面块组合成一个完整曲面的问题。

（3）实体建模

自 CAD 出现以来，实体建模就一直是人们追求的目标，并提出了实体造型的概念。但由于研究初期理论研究和实践都不够成熟，因而实体建模技术发展缓慢。直到 20 世纪 70 年代后期，实体建模技术在理论、算法和应用方面逐渐成熟，并推出实用的实体造型系统，从此．三维实体模型在 CAD 设计、物性计算、有限元分析、运动学分析、空间布置、计算机辅助 NC 程序的生成和检验、部件装配、机器人等方面得到广泛的应用。目前实体建模技术已成为 CAD/CAM 几何建模的主流技术。

（4）特征建模

特征建模技术被誉为 CAD/CAM 发展的新里程碑，它除了包含零件的几何拓扑信息外，还包含了设计制造等过程所需要的一些非几何信息，如材料信息、尺寸、形状公差信息、热处理及表面粗糙度信息和刀具信息等，使得建立的产品模型更容易理解和付诸生产。与传统的几何造型相比，它有三个优点，一是着眼于表达产品的完整技术和生产信息，为建立产品的集成信息模型服务；二是它使产品设计工作在更高的层次上进行，设计人员可以将更多的精力用于创造性构思上；三是有助于加强产品设计、分析、工艺准备、加工、检验各部门之间的联系，为开发新一代的基于统一产品信息模型的 CAD/CAPP/CAM 集成系统创造条件。

(5) 参数化建模

参数化建模也叫尺寸驱动，其主体思想是用几何约束方程来说明产品模型的形状特征。目前它是 CAD 技术应用领域内的一个重要的研究课题。利用参数化建模开发的专用产品设计系统可使设计人员从大量繁重而琐碎的绘图工作中解脱出来，可以大大提高设计速度，并减少信息的存储量。

(6) 装配建模

产品的设计过程中不仅要设计产品的各个组成零件，而且要建立装配结构中各种零件之间的连接关系和配合关系。在计算机中将产品的零部件模型装配组合在一起形成一个完整的数字化装配模型的过程称装配建模或装配设计。

通常一个复杂产品可分解成多个部件，每个部件又可根据复杂程度的不同继续划分为下一级的子部件，以此类推，直至零件。这就是对产品的一种层次描述，采用这种描述可以为产品的设计、制造和装配带来很大的方便。同样，产品的计算机装配模型也可表示成这种层次关系，如图 2-3 所示。

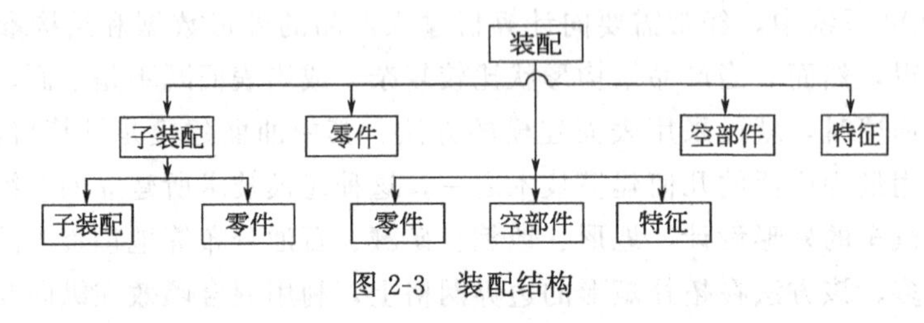

图 2-3 装配结构

2.2.3 常用 CAD 软件及在机械工程中的应用

CAD 软件很多，这里着重介绍应用较广泛的几个软件。

(1) AutoCAD

Autodesk 公司在 1992 年推出了 AutoCAD 的第一个版本，随后相继开发出多个版本。AutoCAD 的功能非常强大和完善，它是当今世界上最为流行的计算机辅助设计软件之一。

(2) Photoshop

Photoshop 是 Adobe 公司推出的一款功能十分强大的平面图像处理软件，是众多平面设计师进行平面设计、图形图像处理的首选软件。

(3) CorelDraw

CorelDraw 是 Corel 公司开发的世界一流的平面矢量绘图软件，它的集成环境（称为工作区）为平面设计提供了先进的手段和方便的工具，可以完成一幅作品从设计、构图、草稿、绘制到渲染的全部过程。

（4）Pro/Engineer

Pro/Engineer 系统是美国参数技术公司（PTC）的产品，它以其先进的参数化设计、基于特征设计的实体造型而深受用户的欢迎。Pro/Engineer 整个系统建立在统一的数据库上，具有完整而统一的模型，能将整个设计与生产过程集成在一起。Pro/Engineer 在最近几年已成为三维机械设计领域里最富魅力的软件。

（5）SolidWorks

SolidWorks 是由美国 SolidWorks 公司开发的三维 CAD 绘图软件，多用于外形设计，是一套基于 Windows 的 CAD/CAE/CAM/PDM 桌面集成系统，与 Office 兼容，具有较强的参数化特征造型功能。

（6）UG

UG 软件起源于美国麦道飞机公司，广泛应用于航空、航天、汽车、通用机械、模具和家用电器等领域。许多世界著名公司，如美国通用汽车公司、波音飞机公司、贝尔直升机公司、英国宇航公司、普惠发动机公司等都以 UG 作为企业产品开发的软件平台。

（7）CAXA 电子图板

CAXA 电子图板是由北航海尔软件有限公司于 1996 年研制开发的，目前已在工程和产品设计绘图中得到广泛的应用，是全国制图员计算机绘图技能考试的指定软件之一。

（8）高华 CAD

高华 CAD 由清华大学和广东科龙集团联合开发，它包括计算机辅助绘图支撑系统、机械设计及绘图系统、工艺设计系统、三维几何造型系统、产品数据管理系统及自动数控编程系统，是全国 CAD 应用工程的主推产品之一。

（9）清华 XTMCAD

清华 XTMCAD 是清华大学机械 CAD 中心和北京清华艾克斯特 CIMS 技术公司共同开发的，它是在 AutoCAD R12 基础上进行二次开发的 CAD 软件，具有动态导航、参数化设计及图库建立与管理功能，还具有常用零件优化设计、工艺模块及工程图纸管理等模块，得到 Autodesk 公司的技术支持，其优势体现在对 CIMS 工程支持数据的交换与共享上。

（10）开目 CAD

开目 CAD 是华中科技大学机械学院开发的具有自主知识产权的 CAD 软件，它面向工程实际，模拟人的设计绘图思路，操作简便，机械绘图效率比 AutoCAD 高得多。开目 CAD 支持多种几何约束种类及多视图同时驱动，具有局部参数化的功能，能够处理设计中的过约束和欠约束的情况。开目 CAD 实现了 CAD、CAPP、CAM 的集成，是全国 CAD 应用工程主推产品之一。

下面以机械手设计为例简要介绍基于 Pro/E 软件的零件建模及装配建模过程。

（1）新建零件，命名为 zhijian（见图 2-4）。

（2）草绘指尖大体结构（见图 2-5）。

（3）拉伸成实体（见图 2-6）。

(4) 创建结构限位完成三维模型（见图 2-7)。
(5) 创建组件（见图 2-8)。
(6) 添加零件图（见图 2-9)。
(7) 设置转配约束（见图 2-10)。
(8) 完成手指的装配（见图 2-11)。

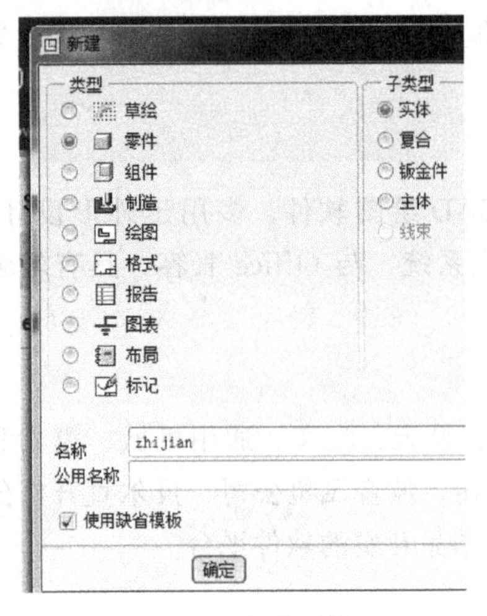

图 2-4 新建零件

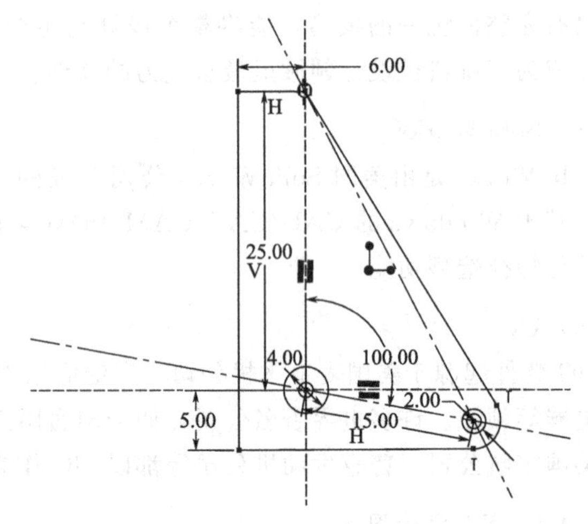

图 2-5 草绘

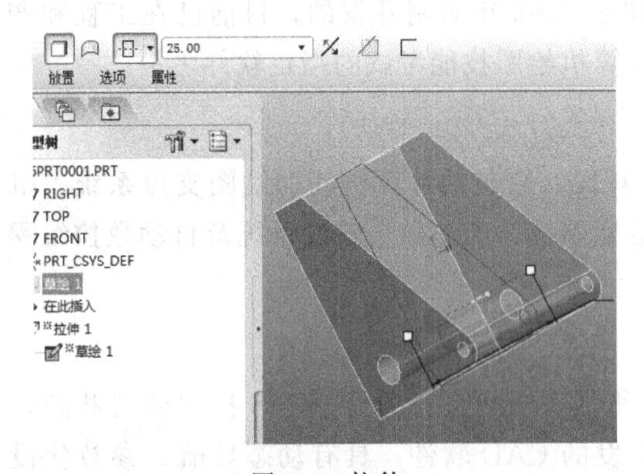

图 2-6 拉伸

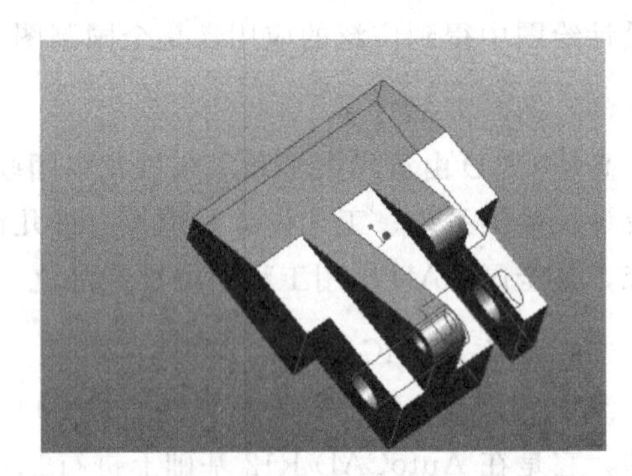

图 2-7 指尖

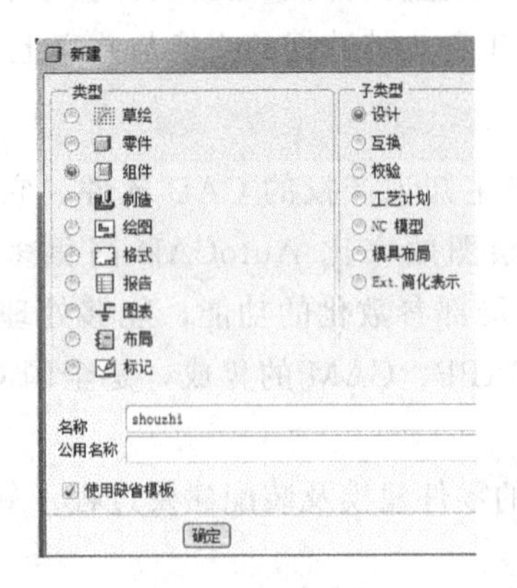

图 2-8 创建组件

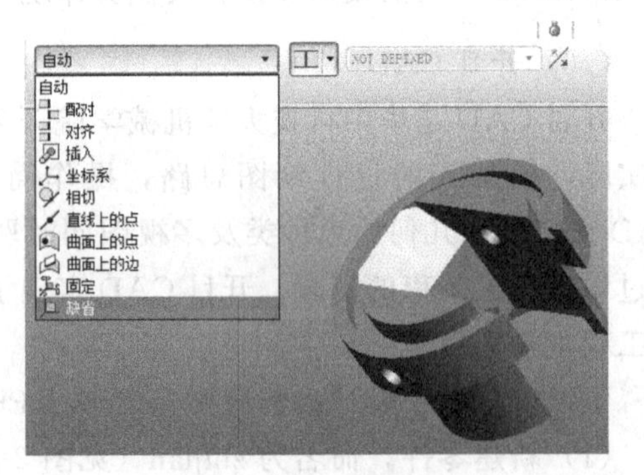

图 2-9 设置约束

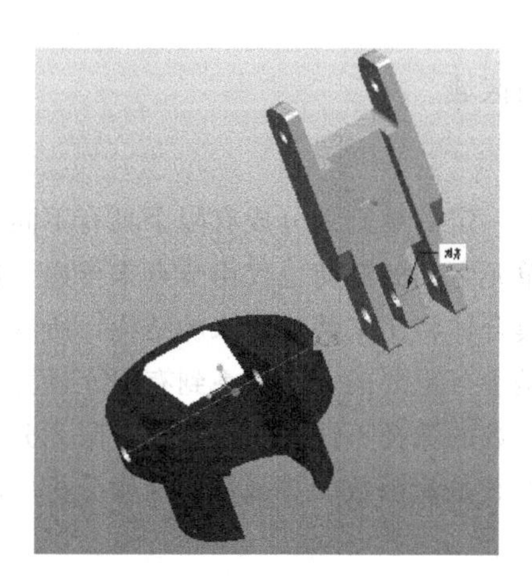

图 2-10 添加约束

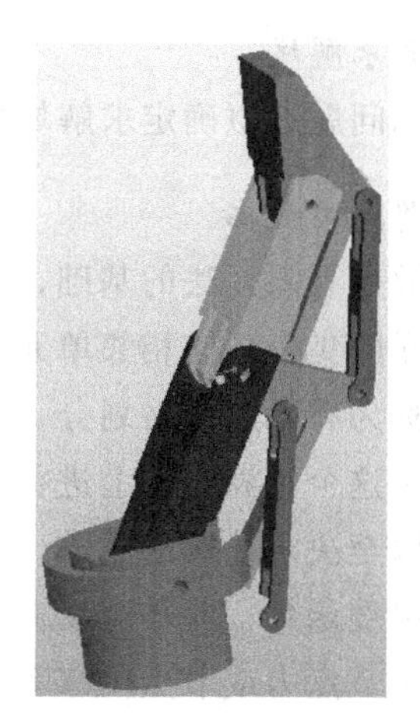

图 2-11 手指装配图

2.3 CAE 技术

CAE 技术利用计算机进行工程分析与仿真，其中有限元分析方法是 CAE 技术最重要的组成部分，本节只对应力、应变的有限元分析方法进行简要介绍。

CAE 的主要功能包括计算零件的质量参数，检查机构的运动是否与设想的一致，以及在运动过程中是否发生碰撞，进行运动干涉检查，对所设计的产品进行强度分析、振动分析、碰撞分析等。应用 CAE 软件对工程或产品进行性能分析和模拟时，一般要经历三个过程。

一是前处理，对工程或产品进行建模，以建立合理的有限元分析模型。该模块主要包括实体建模与参数化建模，构件的布尔运算，单元自动剖分，节点自动编号与节点参数自动生成，节点载荷自动生成，有限元模型信息自动生成等。

二是有限元分析，对有限元模型进行单元特性分析、有限元单元组装、有限元系统求解和有限元结果生成。该模块主要包括有限单元库，材料库，约束处理算法，静力、动力、振动、线性与非线性解法库。

三是后处理，根据工程或产品模型与设计要求，对有限元分析结果进行加工、检查，并以图形方式提供给用户，辅助用户判定计算结果与设计方案的合理性。该模块主要包括有限元分析结果的数据平滑，各种物理量的加工与显示，针对工程或产品设计要求的数据检验与工程规范校核，设计优化与模型修改等。

有限元分析法把一个原来连续的物体剖分成有限个数的单元体，计算求解时先按照平衡条件对单元体进行分析，然后根据变形协调条件把这些单元重新组合起来，使其成为一个组合体，再进行综合求解。由于剖分单元的个数有限，节点的数目也有限，故此方法称为有限元法。用有限元方法解决问题时采用的是物理模型的近似。这种方法概念清晰，通用性与灵活性兼备，能妥善处理各种复杂情况，只要改变单元的数目就可以使解的精确度改变，得到与真实情况无限接近的解。对于具有不同物理性质和数学模型的问题，有限元求解法的基本步骤是相同的，只是具体的公式推导和运算求解不同。

有限元求解问题的基本步骤如下。

(1) 定义求解域

根据实际问题近似确定求解域的物理性质和几何区域。

(2) 求解域离散化

结构离散是有限元法的基础，就是将分析对象按一定的规则划分成有限个具有不同大小和形状的单元的集合，使相邻单元在节点处连接，单元之间的载荷也仅由节点来传递，这一步骤习惯上称为有限元网格划分。离散而成的单元集合体将用来替代原来的结构，所有的计算分析都将在这个计算模型上进行。因此网格划分是十分重要的，它关系到有限元计算的速度和精度，以至决定计算的成败。不同问题的节点参数的选择不同，如温度场有限元分析的节点参数是温度函数，流体流动有限元分析的节点参数是流函数、势函数，结构分析中的节点函数可以是节点力或节点位移等。

(3) 单元推导

在结构离散完成之后就可以对单元进行特性分析，建立各单元节点位移与节点力之间的关系，从而求出单元的刚度矩阵。然后用结构力学或弹性力学中的几何方程来建立应变与单元上节点位移的关系，最后用物理方程和虚功原理建立节点力与节点位移的关系，即刚度方程。

(4) 等效节点载荷计算

结构被离散化后单元与单元之间仅通过节点发生内力的传递，结构与外界间也是通过节点发生联系。因此，作用在单元边界上的表面力、作用在单元内的体积力和集中力等都必须等效移置到单元节点上去，转化为相应的单元等效节点载荷。

(5) 总装求解

将单元总装形成离散域的总矩阵方程，反映对近似求解域的离散域的要求。总装是在相邻单元结点进行的，状态变量及其导数（如果有导数）连续性建立在节点处。

(6) 求解结果

求解结果是单元节点处状态变量的近似值。计算结果的质量将通过与设计准则提供的允许值相比来评价，并确定是否需要重复计算。

有限元法的结构分析过程如图 2-12 所示。

常用有限元软件有以下几种。

(1) ANSYS

ANSYS 软件是集结构、流体、电场、磁场、声场分析于一体的大型通用有限元分析软件，它最突出的功能是多物理场分析。这种软件还有显式瞬态动力分析工具 LS—DYNA，被公认为是汽车安全性设计、武器系统设计、金属成形、跌落仿真等领域的首推分析软件。在前处理方面，ANSYS 的实体建模功能比较完善，提供了完整的布尔运算，还提供拖拉、延伸、旋转、移动和拷贝实体模型因素功能，也可以读入 Pro/E、UG 等 CAD 模型。

(2) ADIAN

ADIAN 是老牌有限元分析软件，广泛应用于机械、土木建筑、水利、交通、能源、石

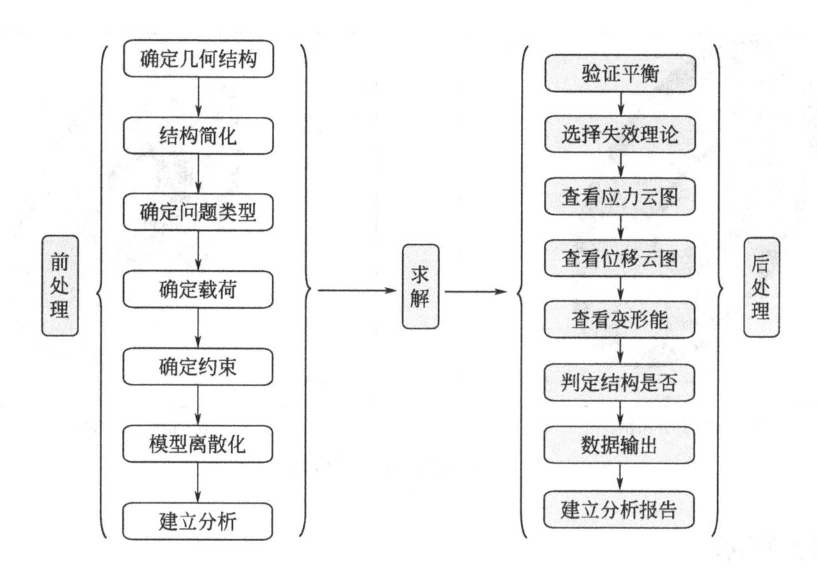

图 2-12　有限元法分析过程

油化工、航空航天、军工和生物医学等领域，可进行结构强度设计、可靠性分析评定等。

（3）ABAQUS

ABAQUS 用来分析复杂的固体力学系统。用户可以使用交互式接口快速更新 ABAQUS 的有限元模型而不丢失任何分析特征。图 2-13（a）所示为 ANSYS 分析中的制动盘模型，其中制动盘的内环作为固定部分，载荷以力矩的形式作用在制动盘外围。为了模拟力矩的作用，预处理过程中将力矩分解成 6 对力偶，作用在 12 个刚化区域中，如图 2-13（b）所示。

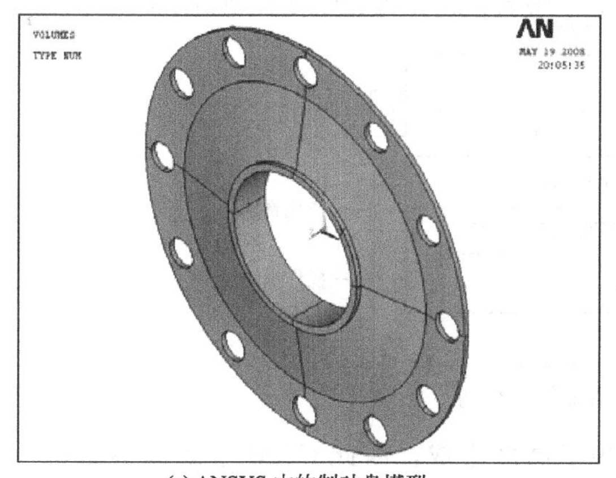

(a) ANSYS 中的制动盘模型

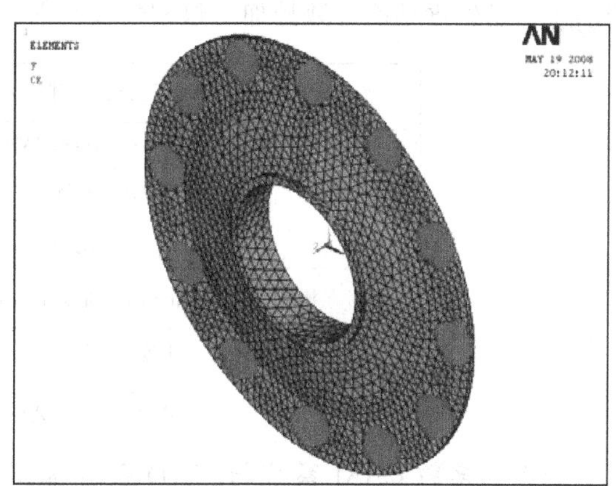

(b) 完成预处理过程的制动器模型

图 2-13　ANSYS 分析中的制动盘模型

分析结果如图 2-14 所示。

从应力分布情况看，制动盘上很多部位产生的应力都很小，制动盘的形变量也很小，由此可知，制动盘无论是应力分布还是变形量均远远满足使用要求。可以在保证其关键尺寸的情况下，改进制动盘结构以减轻质量。

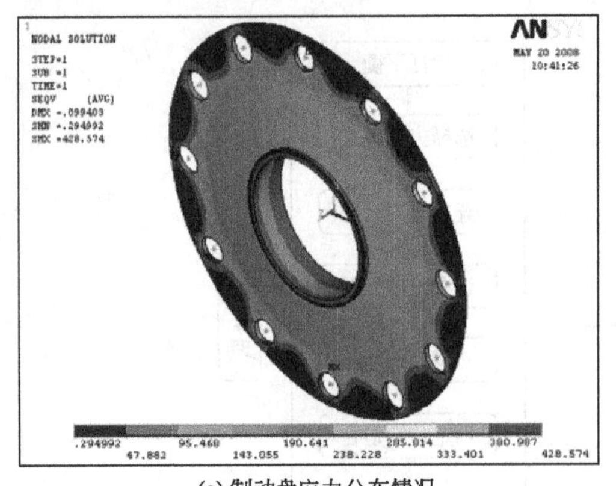

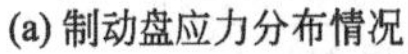

(a) 制动盘应力分布情况

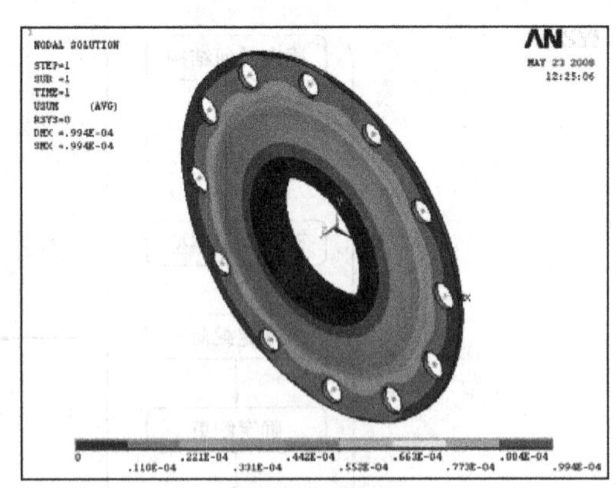

(b) 制动盘变形量

图 2-14　制动盘分析结果

2.4　CAM 技术

计算机辅助制造（CAM）技术是伴随着数控机床的产生而产生，随着数控技术、计算机技术、信息技术的发展而不断发展的，是先进制造技术的重要组成部分。

2.4.1　CAM 技术的体系结构

广义的 CAM 一般是指利用计算机辅助完成产品制造的技术，包括工艺设计、工装设计、NC 自动编程、生产作业计划、生产控制、质量控制等。狭义的 CAM 通常是指数控程序的编制，主要包括刀具路径规划、刀位文件生成、刀具轨迹仿真以及 NC 代码生成等。一般来说，CAM 系统应具有如下功能：人机交互功能，数值计算及图形处理功能，存储与检索功能，数控加工信息处理功能，数控加工过程仿真功能等，一般其体系结构如图 2-15 所示。

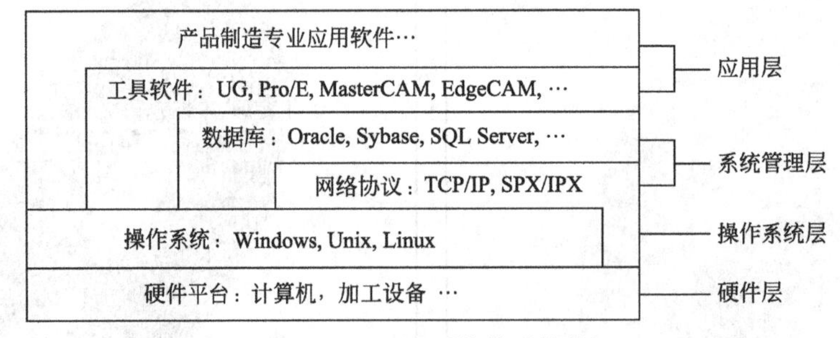

图 2-15　CAM 系统体系结构

目前大多数 CAM 系统与 CAD 系统都实现了高度集成，因此 CAM 系统体系结构与 CAD 系统体系结构基本一致，故在此仅作简要说明。

（1）*硬件层*

硬件层是 CAM 系统运行的基础，包括各种硬件设备，如各种服务器、计算机以及生产加工设备等。可根据系统的应用范围和相应的软件规模选用不同规模、不同结构、不同功能计算机、外围设备及其生产加工设备，以满足系统的要求。

（2）*操作系统层*

操作系统层包括运行各种 CAM 软件的操作系统和语言编译系统。操作系统如

Windows，Linux，Unix 等，它们位于硬件设备之上，在硬件设备的支持下工作。操作系统的作用在于充分发挥硬件的功能，同时为各种应用程序提供与计算机的工作接口。语言编译系统用于将高级语言编写的程序翻译成计算机能够直接执行的机器指令，目前 CAM 系统应用最多的语言编译系统包括 Visual Basic，Visual C++，Visual J++等。

（3） *系统管理层*

系统管理层包括数据库管理系统、网络协议和通信标准。系统管理层在硬件设备和操作系统的支持下工作，并通过用户接口与各应用分系统发生联系。数据库管理系统保证 CAM 系统的数据实现统一规范化管理；网络协议保证 CAM 系统与其他分系统实现信息集成；通信标准确保 CAM 系统控制机与各数控加工设备的通信畅通。

（4） *应用层*

应用层包括各种工具软件和专业应用软件，它同时与硬件层、操作系统层和系统管理层发生联系，为操作者提供各种专业应用功能。专业应用软件是针对企业具体要求而开发的软件。目前在模具、建筑、汽车、飞机、服装等领域虽然都有相应的商品化 CAM 工具软件，但在实际应用中。由于用户的要求和生产条件多种多样，这些工具软件不能完全适应各种具体要求，因此，在具体的 CAM 应用中通常需进行二次开发，即根据用户要求扩充开发用户化的应用程序。

2.4.2 常用 CAM 软件

目前市场上的 CAM 软件有两类，一类是 CAD/CAM 一体化的，另一类是相对独立的 CAM 软件。CAD/CAM 一体化软件有 Pro/Engineer、UG、CATIA 等，这类软件的特点是参数化设计、变量化设计及特征造型技术与传统的实体和曲面造型功能结合在一起，加工方式完备，计算准确，实用性强，可实现 2 轴加工到 5 轴联动加工，并可以对数控加工过程进行自动控制和优化，同时提供了二次开发工具允许用户扩展。相对独立的 CAM 系统有 Edgecam、Mastercam 等，这类软件主要通过中性文件从其他 CAD 系统获取产品几何模型。系统主要有交互工艺参数输入模块、刀具轨迹生成模块、刀具轨迹编辑模块、三维加工动态仿真模块和后置处理模块。

（1） Pro/Engineer

Pro/Engineer 是现今主流的 CAM 软件之一，其 CAM 模块 Pro/NC 是基于特征的数控加工模块，能满足基于特征的 2 轴到 5 轴曲面铣削，4 轴车削和线切割，支持高速数控加工，能生成驱动数控机床加工所必需的数据和信息。它所提供的功能模块能够把加工人员按照合理的工序设计的模型转化成 ASCII 刀位数据文件，这些文件经处理后变成数控加工程序，其对应的工艺过程如图 2-16 所示。

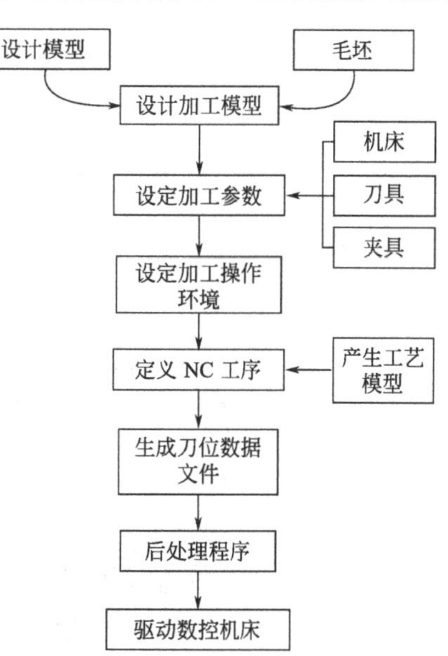

图 2-16 Pro/Engineer 工艺过程

（2） UG

UG 加工模块具有友好的图形化交互界面，并可按用户需求进行灵活修改。用户可以在图形方式下观测刀具沿轨迹运动的情况，可对其进行图形化修改，如对刀具轨迹进行延伸、缩短或修改等。该模块同时提供通用的点位加工编程功能，可用于钻孔、攻丝和镗孔等加工编程，并可定义标准化刀具库、加工工艺参数样板库，使粗加工、半精加工、精加工等操作常用参数标准化。UG 软件所有模块都可在实体模型上直接生成加工程序，并保持与实体模型全相关。

（3）Mastercam

Mastercam 是美国 CNC Software 公司开发的集计算机辅助设计和制造于一体的软件，目前在模具设计和数控加工中使用非常普遍。它主要应用于加工中心、数控铣床、数控车床、线切割、雕刻机等先进制造设备。由于该软件的性能价格比高，而且学习使用比较方便，因此易被中小企业所接受。

（4）CAXA 制造工程师

CAXA 制造工程师是高效易学的 CAM 软件，已广泛应用于塑模、锻模、汽车覆盖件拉伸模、压铸模等复杂模具的生产。利用 CAXA 进行数控加工流程如图 2-17 所示。以可乐瓶底的曲面造型为例，它是由 5 个完全相同的部分组成的，只要做出突起的两根截面线和凹进的一根截面线，然后进行环形阵列就可以得到其他几个突起和凹进的所有截面线。最后使用网格面功能生成五个相同部分的曲面。可乐瓶底的最下面的平面我们使用直纹面中的“点+曲线”方式来做，这样做的好处是在加工时两张面（直纹面和网格面）可以一同用参数线加工。最后以瓶底的上口为准，构造一个立方体实体，然后用可乐瓶底的两张面把不需要的部分裁剪掉，就可以得到我们要求的凹模型腔，如图 2-18 所示。

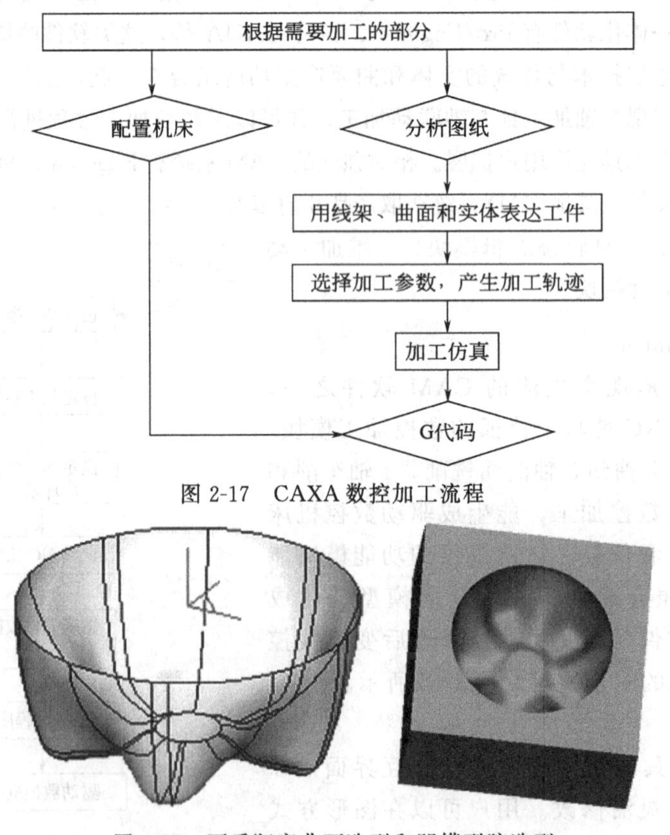

图 2-17　CAXA 数控加工流程

图 2-18　可乐瓶底曲面造型和凹模型腔造型

模型建立完成，要进行加工准备，即包括设定加工刀具（本案例设定的是铣刀，根据实际需要进行刀具参数的设定）、后置设置（即用户可以增加当前使用的机床，给出机床名称，定义适合自己的机床的后置格式）、设定加工毛坯，如图 2-19 所示。

(a) 工艺清单图

选择后置配置文件

浏览后置配置文件所在目录　浏览...

C:\CAXA\CAXACAM_x86\12.0\Post

数控系统文件	大小	修改时间
fagor	12KB	2013-12-30 15:50
fanuc	13KB	2013-12-30 15:50
Fanuc31i_5x_TV	16KB	2013-12-30 15:50
Fanuc_16i_5x_HBTC	15KB	2013-12-30 15:50
Fanuc_16i_5x_VHBTA	13KB	2013-12-30 15:50
fanuc_18i_MB5	14KB	2013-12-30 15:50
fanuc_4x_A	15KB	2013-12-30 15:50
fanuc_4x_B	14KB	2013-12-30 15:50
Fanuc_5x_HBHC	14KB	2013-12-30 15:50
Fanuc_5x_HBTA	13KB	2013-12-30 15:50
Fanuc_5x_TATC_沈阳机...	16KB	2013-12-30 15:50
Fanuc_M_Demo	14KB	2013-12-30 15:50
FIYANG	12KB	2013-12-30 15:50
FIYANG_4x_A	12KB	2013-12-30 15:50
FiYang_5x_TATC_沈阳机...	15KB	2013-12-30 15:51
FiYang_CO_TATC	15KB	2013-12-30 15:51
GSK25i_5x_TATC_沈阳机...	15KB	2013-12-30 15:51
GSK990M11	12KB	2013-12-30 15:51
GSK_4x_A	14KB	2013-12-30 15:51

编辑　退出

(b) 选择后配置文件

刀具库

共 11 把　增加　清空　导入　导出

类型	名称	刀号	直径	刃长	全长	刀杆类型	刀杆直径	半径补偿号	长度补偿号
立铣刀	EdML_0	0	10.000	50.000	80.000	圆柱	10.000	0	0
立铣刀	EdML_0	1	10.000	50.000	100.000	圆柱+圆锥	10.000	1	1
圆角铣...	BulML_0	2	10.000	50.000	80.000	圆柱	10.000	2	2
圆角铣...	BulML_0	3	10.000	50.000	100.000	圆柱+圆锥	10.000	3	3
球头铣...	SphML_0	4	10.000	50.000	80.000	圆柱	10.000	4	4
球头铣...	SphML_0	5	12.000	50.000	100.000	圆柱+圆锥	10.000	5	5
燕尾铣...	DvML_0	6	20.000	6.000	80.000	圆柱	20.000	6	6
燕尾铣...	DvML_0	7	20.000	6.000	100.000	圆柱+圆锥	10.000	7	7
球形铣...	LoML_0	8	12.000	12.000	80.000	圆柱	12.000	8	8
球形铣...	LoML_1	9	10.000	10.000	100.000	圆柱+圆锥	10.000	9	9
倒角铣...	ChmfML_0	2573	2.000	20.000	25.000	圆柱	2.000	0	0

确定　取消

(c) 刀具参数选择

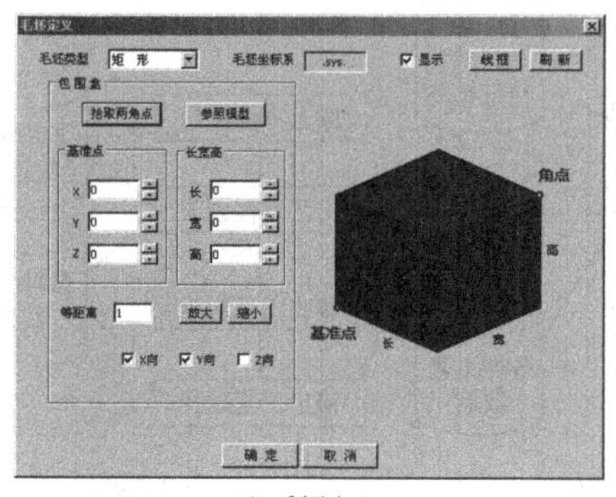

(d) 毛坯定义

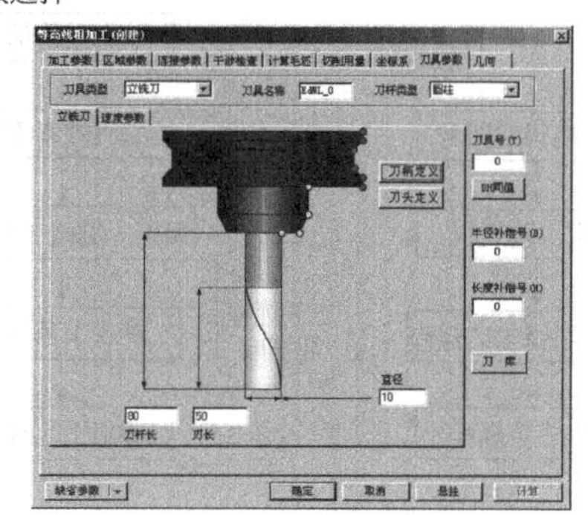

(e) 刀具设置

图 2-19　CAXA 数控加工软件

在上述工作完成后，进行可乐瓶底的常规加工，可乐瓶底凹模型腔的整体形状较为陡峭，所以粗加工采用等高粗加工，然后采用参数线加工方式对凹模型腔中间曲面进行精加工，如图 2-20 所示。

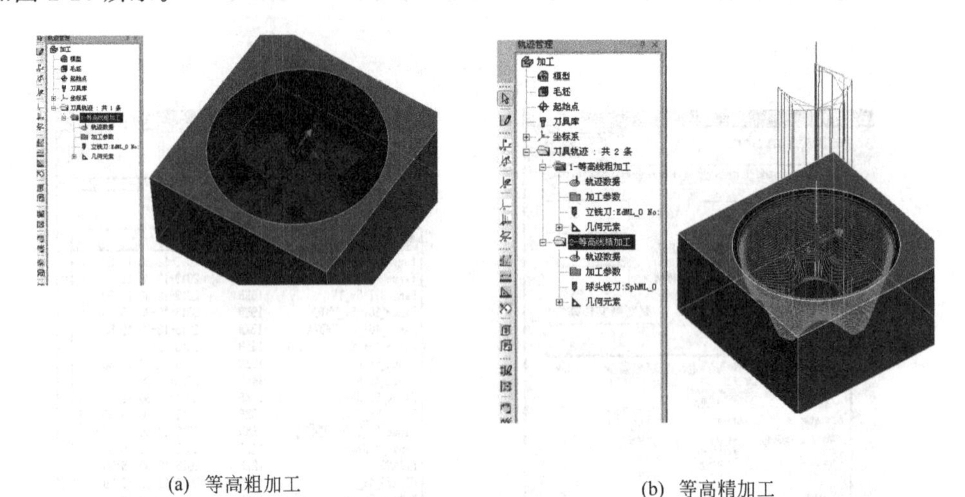

(a) 等高粗加工　　(b) 等高精加工

图 2-20　可乐瓶数控加工

2.5　CAPP 技术

随着计算机在机械行业中的广泛应用，充当 CAD 与 CAM 之间纽带的 CAPP（Computer Aided Process Planning）技术应运而生。CAPP 即计算机辅助工艺过程设计，是指用计算机辅助人来编制零件的机械加工工艺规程。

2.5.1　CAPP 的类型及基本原理

由于零件及制造环境的不同，很难用一种通用的 CAPP 软件来满足各种不同制造对象的需要。按照工艺决策方法的不同，CAPP 系统主要分为检索式 CAPP 系统、派生式 CAPP 系统、创成式 CAPP 系统，如图 2-21 所示。

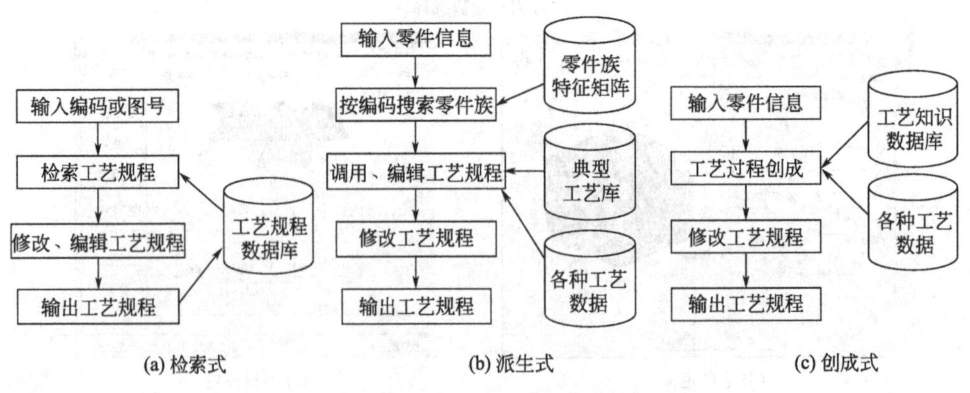

图 2-21　CAPP 三种基本类型

检索式 CAPP 系统将企业现行的各类工艺文件根据零件编码或图号存入计算机数据库中，进行工艺设计时，可根据零件编码或图号在工艺文件库中检索类似零件的工艺文件，由工艺人员采用人机交互方式进行修改、编辑，由计算机按工艺文件要求进行打印输出。检索式 CAPP 系统实际上是一个工艺文件数据库的管理系统，其功能较弱，自动决策能力差，工艺决策完全由工艺人员完成，因此有人认为它不是严格意义上的 CAPP 系统。但实际上，任何一个企业的产品或零部件都有很多的相似性，因而其工艺文件也有很多相似性，因此在实际中采用检索式 CAPP 系统会大大提高工艺设计的效率和质量。此外，检索式 CAPP 系统的开发难度小，操作方便，实用性强，与企业现有的设计工作方式相一致，故具有很高的推广价值，已得到很多企业的认可。

派生式 CAPP 系统又称变异式 CAPP 系统，可看成是检索式 CAPP 系统的发展。其基本原理是利用成组技术（GT）代码或企业现行的零件图编码，将零件根据结构和工艺相似性进行分组，然后针对每个零件组编制典型工艺，又称主样件工艺。在进行工艺设计时，根据零件的 GT 代码和其他有关信息，按编码搜索零件族，对典型工艺进行自动化或人机交互式修改，生成符合要求的工艺文件。这种系统的工作原理简单，容易开发。目前企业中实际投入运行的系统大多是派生式系统。这种系统的局限性是柔性差，只能针对企业具体产品零件的特点进行开发，可移植性差，不能用于全新结构零件的工艺设计。由于同一企业不同产品的零件一般也都具有结构相似性和工艺相似性，所以派生式 CAPP 系统一般能满足企业绝大部分零件的工艺设计需求，具有很强的实用性。图 2-22 为派生式 CAPP 系统的建立和两个工作阶段。

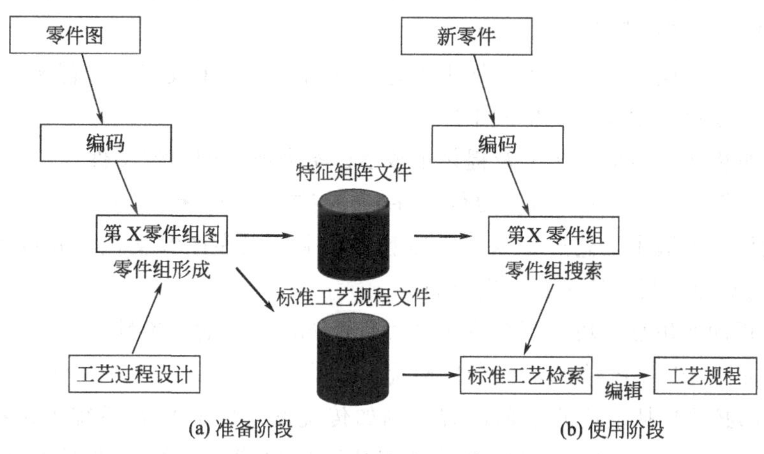

图 2-22 派生式 CAPP 系统建立和两个工作阶段

创成式 CAPP 系统的基本原理与检索式和派生式方法不向，不是直接对相似零件的工艺文件进行检索与修改，而是根据零件的信息，通过逻辑推理规则、公式和算法等做出工艺决策，自动地“创成”一个零件的工艺规程。创成式方法接近人类解决问题的创新思维方式，但由于工艺决策问题本身较复杂，还离不开人的主观经验，对大多数工艺过程问题还不能建立实用的数学模型和通用算法，工艺规程的知识难以形成程序代码，因此，此类 CAPP 系统只能处理简单的、特定环境下的某类特定零件。要建立通用化的创成式系统，尚需解决诸多的技术关键问题才能实现。

2.5.2 CAPP 的结构组成及关键技术

CAPP 系统的构成与其开发环境、产品对象、规模的大小等因素有关。图 2-23 就是根

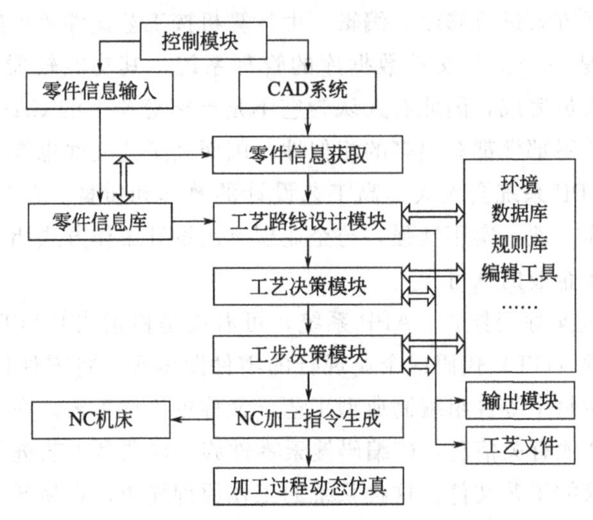

图 2-23 CAPP 系统的构成

据集成的要求而拟定的系统构成，其主要分为以下几个基本模块。

① 控制模块　用来协调各模块的运行，从而实现人机之间的信息交流，并控制零件信息的获取方式。

② 零件信息获取模块　零件信息输入可以采用人工交互输入或从 CAD 系统直接获取，或从集成环境统一的产品数据模型获取。

③ 工艺过程设计模块　用来进行加工工艺流程的决策，生成工艺过程卡。

④ 工序决策模块　用来自动生成工序卡。

⑤ 工步决策模块　生成工步卡及提供形成 NC 指令所需的刀位文件。

⑥ NC 加工指令生成模块　根据刀位文件生成控制数控机床的 NC 加工指令。

⑦ 输出模块　可输出工艺过程卡、工序和工步卡、工序图等文档，并可利用编辑工具对现有文件进行修改，得到所需的工艺文件。

⑧ 加工过程动态仿真模块　可检查工艺过程及 NC 指令的正确性。

以上描述的 CAPP 系统结构是一个比较完整、广义的 CAPP 系统，实际上并不是所有的 CAPP 系统都必须包括上述的全部内容，例如传统概念的 CAPP 系统不包括 NC 指令生成及加工过程仿真。所以实际 CAPP 系统的组成可以根据生产的需要而做出相应的调整。但它们的共同点是应使 CAPP 的结构满足层次化、模块化的要求，同时具有开放性，以便于不断扩充和维护。

目前，对于常用的 CAPP 系统，主要有两种零件信息输入方式。

(1) 成组编码法

成组编码法是以零件的成组编码作为零件的输入信息。目前的成组编码可以较充分地反映零件的结构、材料和工艺 3 个方面的总体特征，但不能详尽地描述零件的每一个加工面特征，因而输入信息较粗糙，也不完整。一般成组编码法多用于只需制定简单工艺路线的场合，且通常只适用于派生式 CAPP 系统的信息输入。

(2) 形面描述法

形面描述法的基本思路是如下：任何一个零件加工表面均可以看作是由一些基本形面，

如平面、圆柱面、圆锥面、螺纹面等构成；各形面的组合有一定规律可循，如回转体零件可以按照形面在零件上的位置顺序加以描述，计算机可根据输入的形面数据构成完整的零件模型；每个形面均可用一组特征参数来进行详尽描述；各种形面均与一定的加工方法相对应。

形面描述法通常采用菜单形式和交互方法输入零件信息，操作方便，且可完整地描述零件的几何工艺信息，是目前 CAPP 系统使用最多的一种信息输入方法。其缺点是输入工作量大，占用时间较长。

从 CAD 系统直接获取零件信息是 CAPP 系统零件信息输入最理想的方法。但由于目前使用的 CAD 系统多数以实体造型为基础，故由 CAD 系统所设计的零件缺少工艺信息。为此常需要采用特征识别的方法补充输入工艺信息，这无疑又增加了零件信息输入的工作量。解决这一问题的根本方法是发展基于特征造型的 CAD 系统。

创成式 CAPP 系统的核心是构造适当的工艺决策算法。这可以借用一定形式的软件设计工具来实现，常用的有决策树和决策表。

(1) 决策树

决策树由节点和分支构成。节点有根节点、终节点和中间节点之分。根节点表示决策行为的出发点；终节点列出应采取的行动，它没有后继节点；中间节点则都具右一个前驱节点和一个以上的后继节点，中间节点表示一次测试或判断，由中间节点处可引出新的分支。分支连接两个节点，分支的上方给出向某一种状态转换的可能性或条件（确定性条件）。若条件满足，则继续沿分支前进；如条件不满足，则回到出发节点，并转向另一分支。

(2) 决策表

决策表示表达各种事物间逻辑关系的一种表格。决策表可以通过分解（分成若干子表）、合并（几个表合成一个表）、连接等方法来描述多层次联系得复杂决策逻辑。决策表的逻辑关系表达比决策树更清晰，格式更紧凑，且也便于编程。

派生式 CAPP 系统利用成组技术原理和典型工艺过程进行工艺决策，经验性较强。创成式 CAPP 系统利用工艺决策算法（如决策树、决策表等）和逻辑推理方法进行工艺决策，比派生式前进了一步，但存在算法死板、结果唯一、系统不透明等缺点，且程序编制工作量大，修改困难。采用专家系统可以较好地解决上述问题。专家系统是指在特定领域里具有与该领域人类专家相当智能水平的计算机知识处理系统。专家系统主要用来处理现实世界中提出的需由专家分析和判断的复杂问题。工艺过程设计就属于这类复杂问题。因此，在 CAPP 系统中，特别适合采用专家系统技术。专家系统由知识库、数据库和推理机 3 个基本部分组成，如图 2-24 所示。

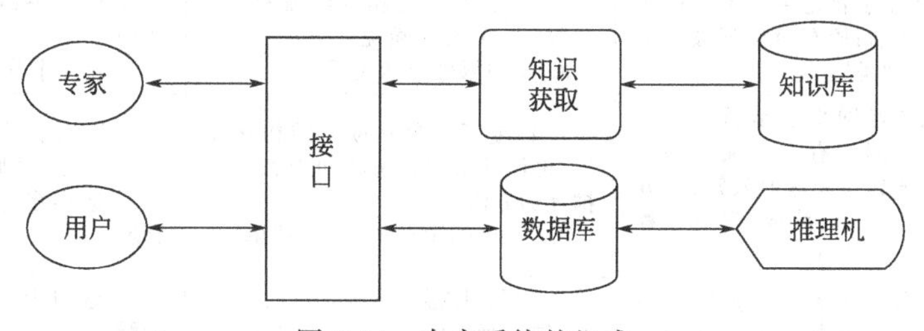

图 2-24　专家系统的组成

其中数据库模块需要设计各种数据结构，即知识的形式表示方法，知识表示的方法多种多样，又各有局限性，表 2-1 列出了知识表示的主要方法。机械领域的许多知识（例如工艺设计知识）是在生产实践中逐步积累起来的，具有多样性、离散性和经验性的特点。对知识和经验进行正确合理的表述，构建内容丰富、结构合理、层次分明的知识系统，既能提高求解结果的可靠性，又便于知识库维护和知识获取。专家系统推理机解决采取何种方式进行推理的问题，推理方式和搜索方式体现了一个专家系统的特色。推理方式有以下几种。

① 正向推理　正向推理是从一组事实出发，一遍遍地尝试所有可执行的规则，并不断加入新事实，直到问题解决。对于产生式系统．正向推理可分两步进行：第一步，收集 IF 部分满足当前状态的规则，如有不止一个规则满足，就使用冲突消解策略选择某一规则触发；第二步，执行所选择规则的 THEN 部分的操作。

② 反向推理　反向推理是从假设的目标出发，通过一组规则，尝试支持假设的各个事实是否成立，直到目标被证明为止。反向推理适用于目标状态明确而初始状态不甚明确的场合。

③ 正反向混合推理　正反向混合推理分别从初始状态和目标状态出发，由正向推理提出某一假设，反向推理证明假设。在系统设计时，必须明确哪些规则处理事实，哪些规则处理目标，使系统在推理过程中，根据不同情况，选用合适的规则进行推理。正反向推理的结束条件是正向推理和反向推理的结果相匹配。

④ 不精确推理　处理不精确推理常用的方法有概率法、可信度法、模糊集法和证据论法等，有关这些方法的详细内容，可参阅相关书籍。

表 2-1　知识表示的主要方法

方法	定义	特点	应用
产生式表示法	用“IF A THEN B”的产生式规则形式来表示事物或者知识的因果关系的表示方法	1. 最适合表示知识的因果关系 2. 推理机制以演绎推理为基础	1. 适用面广 2. 最适用于经验性领域 3. 目前十分常用
语义网络表示法	语义网络是一种采用网络形式表示人类知识的方法	1. 利用带标记的有向图描述客体 2. 结点表示客体的性质、概念、状况或动作 3. 带标记的边描述客体间的关系	1. 因自然性而被广泛使用于人工智能领域 2. 根据复杂的分类进行推理的领域 3. 需表示事件状况、性质、动作间关系的领域
框架表示法	框架是把某一特殊事件或对象的所有知识存储在一起的一种复杂数据结构	1. 框架中的槽(slot) 2. 利用槽的概念人们能为框架创建的环境填加知识	1. 适用面广 2. 适用一些知识具有很强层次性的领域
谓词逻辑表示法	谓词逻辑其基本组成部分是谓词符号、变量和函数，简单形式为 $P(A_1, A_2, \cdots)$，其中，P 为谓词符号。表示 $A_1, A_2, \cdots$之间的关系	1. 知识库可看成是一组逻辑公式的集合 2. 形式逻辑根据为真的事实进行推理演算从而得到新的事实	1. 类似于自动问答系统 2. 广泛适用于人工智能领域
面向对象表示法	客观世界是由各种“对象”组成的；复杂事物是由若干个简单对象组成的；所有对象都被分成各种对象“类”	1. 操作：送一个消息给某个对象 2. 对象的信息和方法都被“封装”起来，对外不可见 3. 类的属性继承关系	1. 适用面广泛 2. 简单系统跟复杂系统都能适用 3. 目前十分常用
人工神经网络法	人工神经网络法是通过大量神经元之间具有一定强度的广泛连接来隐式表达形象知识，并将知识的表示、获取、学习过程结合为一体的方法	1. 改变了一贯采取先结构化知识，再设计求解方法的知识表示与推理的方法 2. 直接求解问题解或最优解	1. 适用于存在大量前提数据但规则知识不清晰的知识领域 2. 适用多输入多输出的知识领域
粗糙集表示法	基于粗糙集表示法把知识看作是关于领域的划分。从而认为知识是有坡度的，知识的不精确性是由于组成领域知识的颗粒大引起的	1. 仅利用数据本身所提供的信息，不需要任何附加信息或先验知识 2. 通过上近似概念、下近似概念、成员关系等精确概念来表示不精确概念	1. 适用于知识不明确的知识领域 2. 适用于模糊控制、模糊诊断等智能系统 3. 适用于图像识别领域

2.5.3 CAPP的发展趋势及应用

(1) 专家系统技术

CAPP专家系统的引入，使得CAPP系统的结构由原来的以决策表、决策树等表示的决策形式发展成为知识库与推理机相分离的决策机制，增强了CAPP系统的柔性。各种智能技术的综合运用有助于利用产品和企业的全面数据进行工艺规划，改进工艺方案的可行性和设计效率，进一步推动CAPP向智能化方向发展。

(2) 集成化、网络化

CAPP是将产品数据转换为面向制造的指令性数据的重要环节，是连接CAD、CAM、PDM以及ERP的桥梁，但只有在并行工程思想的指导下实现CAPP与CAD，CAM等系统的全面集成，才能发挥CAPP在整个生产活动中的信息中枢和功能调节作用，包括与产品设计模块实现双向的信息交换与传送，与生产计划调度系统实现有效衔接，与质量控制系统建立内在联系。现代制造业中的CAPP系统离不开网络与数据库的支持，网络化是现代系统集成应用的必然要求。CAPP的并行工艺设计和双向数据交换，以及与CAM、PDM等的集成应用都需要网络技术支撑，才能实现企业级乃至更大范围的信息化。

(3) 交互式、渐进式

CAPP系统是用来帮助而不是取代工艺设计人员，不宜追求完全的自动化。操作者要有足够的工艺知识和判断能力，并能做出关键决策。一般的决策、判断对于具备足够工艺判断能力的工艺人员来说不是很困难，但对计算机而言可能难以胜任。基于知识的商品化CAPP工具系统正在有目标、有计划地发展，其知识库及使用法则正在逐步建立和完善。

(4) 通用化、工具化

通用性问题是CAPP系统中需要考虑和实现的最为关键的问题之一。为了适应实际生产过程中变化多端的问题，应该使CAPP系统能够像CAD系统一样具有通用性。因此，借助于CAPP框架系统实现CAPP工具化是CAPP的发展趋势之一。CAPP框架系统又称为CAPP开发工具，其目的在于改变传统的研制方法，提高开发效率及质量。工具化CAPP系统要求将工艺设计的共性与个性分开处理，实现工艺决策方式的多样化，并具有数据与知识库管理平台。以便于用户根据自身的要求建立工艺知识与数据库。

(5) 规范化、标准化

CAPP的标准化是提高CAPP系统适应性和系统集成的基础，制定者应该根据对国家标准、国际标准和先进制造技术的分析，结合各类企业工艺的根本需求，引导企业的工艺活动，促进工艺活动的规范化，从而规范CAPP系统的实施过程，使大部分企业采用的CAPP系统是主体相似的工程产品而不是个性独特的艺术品。为实现CAD、CAPP、CAM之间的数据交换，国际标准化组织从1984年开始提出产品模型数据交换标准草案，近年来快速发展的XML技术在数据交换方面使集成化的CAPP系统向标准化方向发展。

装配是产品生产中的重要一步。装配序列规划ASP（Assembly Sequence Planning）是计算机辅助装配规划的核心内容，是装配解决方案之一。ASP涉及三个关键技术，首先是装配建模，从装配体的CAD模型中提取出有用的信息以及装配设计人员提供的一些信息，如零件之间的几何位置关系、零件之间的连接关系等，构造出能够反映装配中零件间关系的模型；其次是序列生成，用来产生装配序列；然后是装配序列的评价，包括可行性评价和优化性评价。下面以虎钳装配序列规划为例介绍 CAPP 系统，其包括装配知识库（机电产品零部件数据库、连接结构实例库、装配规则库）、装配建模、序列规划、序列评价等几部分功能模块，如图 2-25 所示。

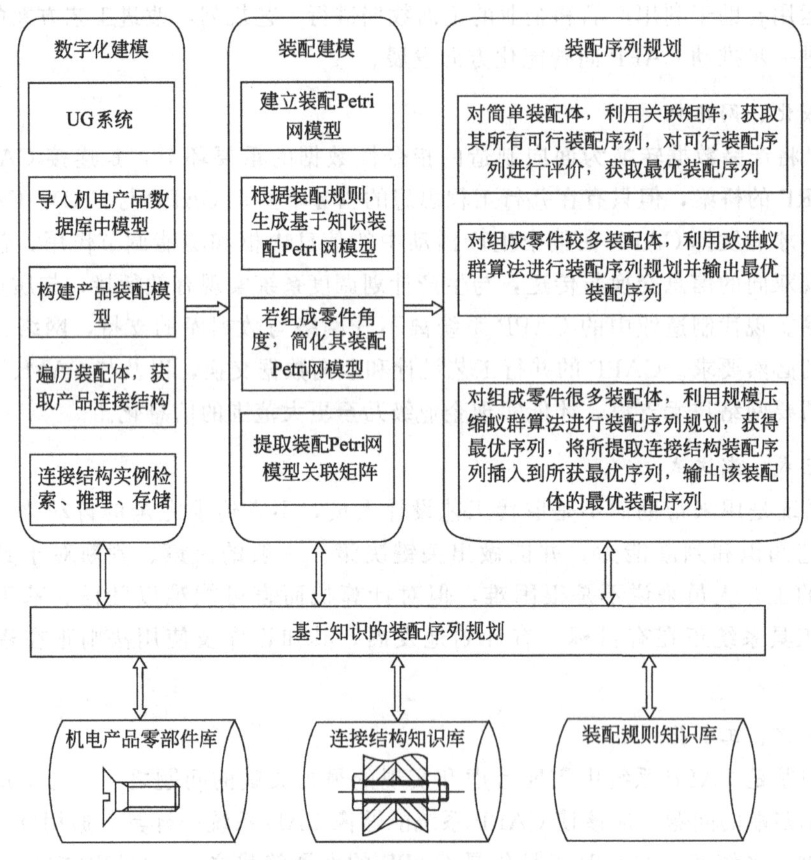

图 2-25　装配序列规划系统结构图

(1) 装配建模

装配建模是在零部件三维实体模型的基础上，通过数字化预装配的具体操作，逐渐建立其产品的三维装配模型，以便为装配分析和序列规划等活动提供数据基础。在基于知识装配序列规划系统中，装配规划人员从机电产品零部件库中抽取虚拟零部件进行装配，从而建立产品的装配模型。利用参数化虚拟装配系统零部件信息库，通过重构零部件库中的零部件，将这些零部件组合生成新的机电产品。图 2-26、图 2-27 所示为利用零部件库中的零部件所建立的虎钳装配体模型。

(2) 提取连接结构

随着产品零部件数量的增加，装配序列规划的难度和计算复杂度成指数增长，在传统的装配过程中，一般采用类比或经验对新产品进行装配，例如对于一个螺纹连接结构，通常的装配序列是被连接件、螺栓、螺母，因此在新机电产品的装配过程中如果碰到类似这种结构，会采用相似的装配顺序。装配序列规划采用基于于实例的推理的类比方法，利用人们以

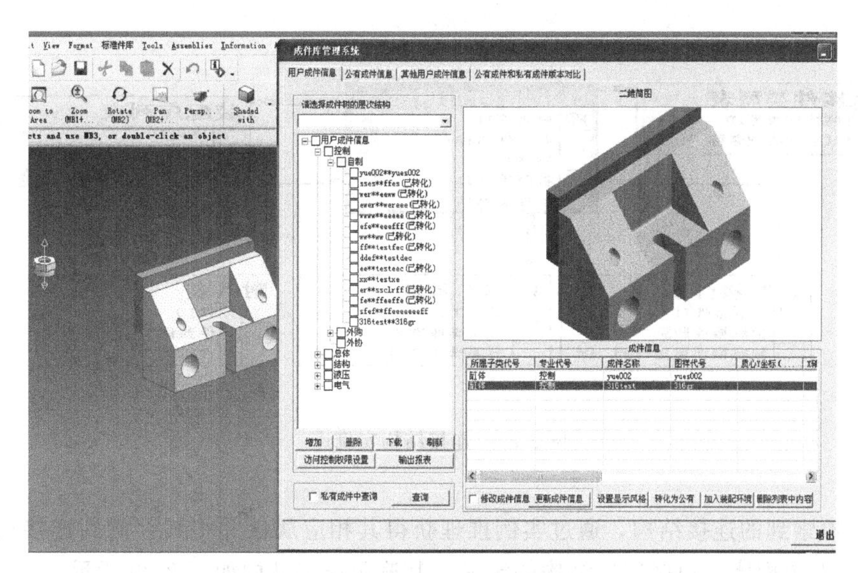

图 2-26　基于产品零件库的装配建模

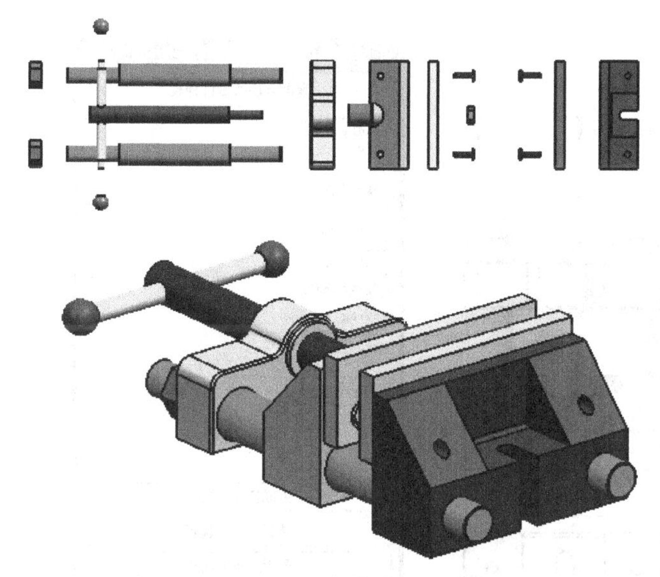

图 2-27　虎钳三维装配模型

往求解类似问题的经验知识进行推理，从而获得当前问题的求解结果。基于实例的推理技术可以从实例库中抽取与新模型相同或相似的结构，供新模型使用或参考。实例库的内容和组织结构直接关系到实例检索的效率和准确度。可以采用关系数据库来存储产品实例，以解决数据关系复杂且难以维护的问题。图 2-28 所示为连接结构实例库，其中连接件类型表存放连接结构中连接件的类型，例如螺栓类连接、螺钉类连接、铆钉类连接、齿轮类连接等。附件表存放附件类型，例如垫片、垫块等。操作工具表中存放某连接件的装卸工具，例如扳手、螺丝刀等。因为在实际装配过程中装配工具对装配序列也起着很重要的影响，不考虑装配工具得到的装配序列在实际装配中可能会出现装配工具没有工作空间，使得连接件根本无法安装，导致装配序列无效。

将相应连接结构在连接结构实例库中进行检索，对检索到的连接结构，提取其相应属

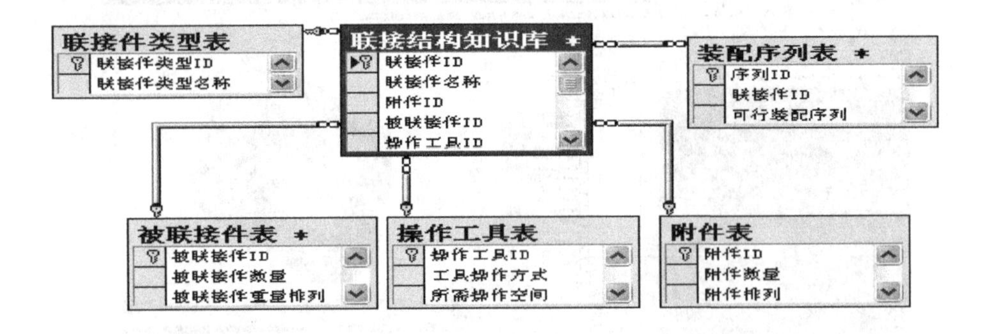

图 2-28　连接结构实例库

性，对没有检索到的连接结构，通过实例推理获得其相应属性并将其存储到连接结构库中。遍历图 2-27 中装配体，根据连接结构的定义，其遍历连接结构如图 2-29 所示。

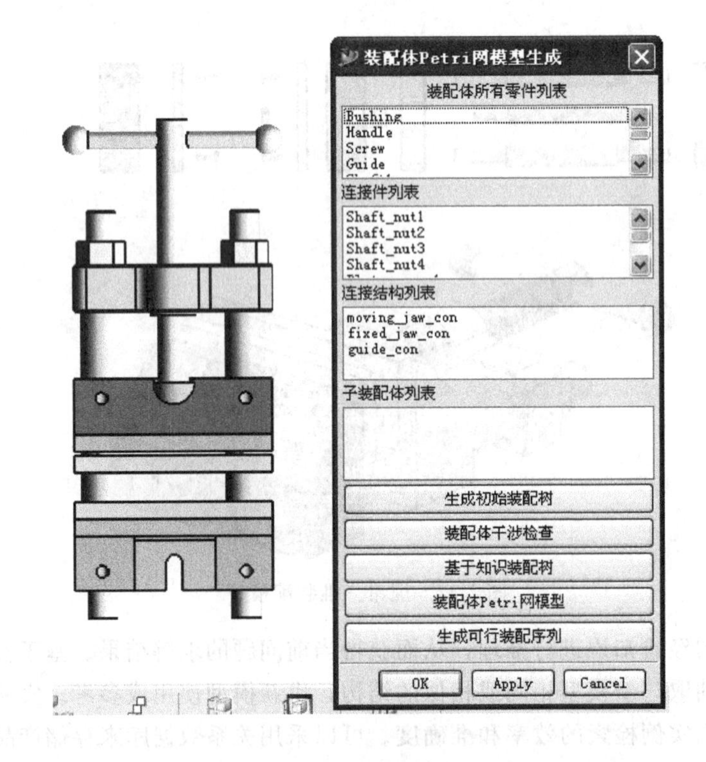

图 2-29　遍历连接结构

（3）建立装配模型

采用分层 Petri 网建立装配体的连接装配模型，如图 2-30 所示。Petri 网中用库表示一个零件或子装配体；用变迁表示零部件之间的装配操作；用流控制弧表示零部件和零部件装配操作之间的关系。通过对连接结构的模型进行分析，可以获得装配体的所有基于连接结构的可行装配序列，如表 2-2 所示。

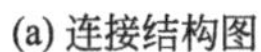

(a) 连接结构图

(b) 连接结构图

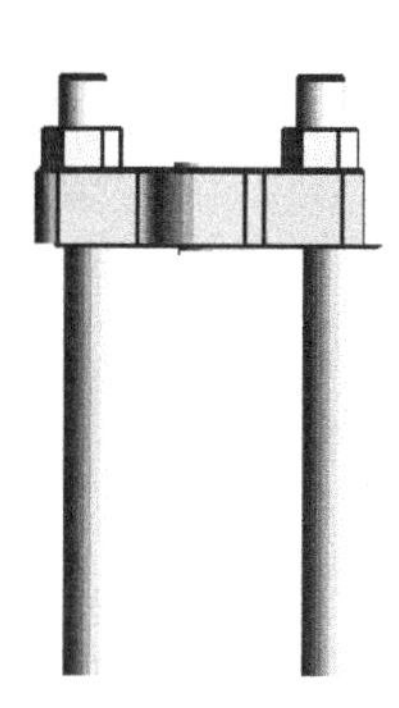

(c) 连接结构

图 2-30 连接结构模型

表 2-2 虎钳装配序列规划结果

序号	装 配 序 列
1	P_3->(p_7->p_6->p_5->p_8)->p_2->p_4->p_1
2	p_3->(p_8->p_6->p_5->p_7)->p_2->p_4->p_1
3	p_3->p_2->p_4->p_1->p_5->p_6->p_7->p_8
4	p_3->p_2->p_4->p_1->p_5->p_6->p_8->p_7
5	p_3->p_5->p_6->p_8->p_7->p_2->p_4->p_1
6	p_3->p_5->p_6->p_7->p_8->p_2->p_4->p_1
7	p_3->p_2->p_4->p_5->p_6->p_7->p_8->p_1
8	p_3->p_2->p_4->p_5->p_6->p_8->p_7->p_1

复习思考题

1. 什么是 CAD 技术？常用的 CAD 软件有哪些？
2. 什么是 CAE 技术？常用 CAE 软件有哪些？
3. 简述有限元分析的工作原理及步骤。
4. 什么是 CAM？简述 CAM 的体系结构。
5. CAPP 有几种类型？简述其工作原理。

第3章

先进制造工艺技术

3.1　先进制造工艺技术概述

先进制造工艺技术是随着现代科学技术和工业的发展的需求而逐步发展起来的。现代科学技术和工业的发展要求制造加工出来的产品精度更高、形状更复杂，被加工的材料种类和特性更加复杂多变，同时又要求加工速度更快、效率更高，具有更高的柔性，以快速适应市场需求。现代科学技术，如新型材料技术、计算机技术、电子技术、控制理论与技术、信息处理技术、传感技术、人工智能技术等的发展与应用都促进了先进制造工艺技术的发展。

3.1.1　机械制造工艺的定义

机械制造工艺是将各种原材料通过改变其形状、尺寸、性能或相对位置，使之成为成品或半成品的方法和过程。机械制造技术以工艺为本，机械制造工艺是机械制造业的重要基础技术。机械制造工艺流程可以用图3-1所示的流程图来表示。

由图3-1可见，机械制造工艺流程是由原材料和能源的提供、毛坯和零件成形、机械加工、材料改性和处理、装配和包装、质量检测与控制等多个工艺环节组成。按其功能的不同，可将机械制造工艺分为三个阶段：一是零件毛坯的成形准备阶段，包括原材料切割、焊接、铸造、锻压加工成形等；二是机械切削加工阶段，包括车削、钻削、铣削、刨削、镗削、磨削加工等；三是表面改性处理阶段，包括热处理、电镀、化学镀、热喷涂、涂装等。此外，机械制造工艺还应包括检测和控制工艺环节。然而，检测和控制并不独立地构成工艺过程，它们是附属于各个工艺过程而存在的，其目的是提高各个工艺过程的技术水平和质量。

3.1.2　先进制造技术的产生

传统的机械加工工艺是各种机械制造方法和过程的总称，即人们结合生产实际，利用各种基础理论知识进行分析对比，找出客观规律，解决生产制造工艺问题，具有一定的局限性，主要表现在：①传统机械制造局限在加工工艺范围，主要解决产品在制造过程的一些问题，如原材料、毛坯制造、机械加工、热处理、机器装配等，方向较为单一；②传统机械制造都是围绕着企业的生产类型而展开的，受“批量法则”的制约。企业分为大批量生产的企业、成批生产的企业和单件、小批量生产的企业，不同生产类型的企业在设计、制造和管理

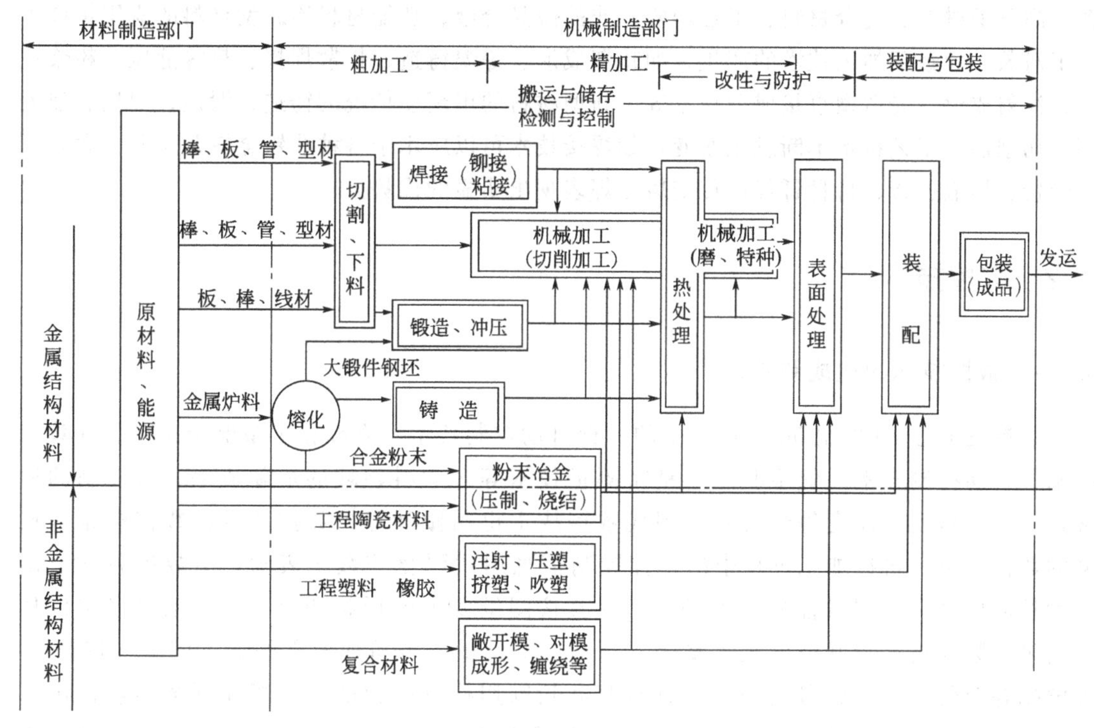

图 3-1 机械制造工艺流程图

方面有着不同的特点，就是说它们的生产手段取决于生产类型；③传统机械制造较多注意先进的机床和设备，而对于生产的组织与管理、技术、人的创造性和人的作用等注意度不够；④传统机械制造的研究都是从产品的质量、生产率和成本三方面出发的，对市场的竞争考虑较少，对如何尽快向市场提供产品、缩短生产周期和交货周期注意不够。

随着世界经济的发展和人们生活水平的提高，消费者需求日趋主体化、个性化和多样化，传统的相对稳定的市场变为动态多变的市场，制造厂商之间的全球市场竞争日益激烈，产品的生命周期不断缩短，产品更新日益加快。产品质量、价格和交货周期已成为增加企业竞争力的三个决定性因素，这就促使传统机械制造技术向着先进制造技术不断转变。

3.1.3 先进制造技术的优势

(1) 加工精度大幅提高

先进制造技术由于采用了新技术、新工艺、新设备和新的测量技术，例如采用优化的机械加工工艺，采用新型刀具材料，在加工过程中对加工精度实时监控等，其加工精度得到大幅度提高。

(2) 加工速度得到提高

随着先进制造技术的发展以及传统加工方法的改进，目前加工切削速度得到了大幅度提高，极大地提高了加工效率。

(3) 加工工艺更加完善

近几十年来发展了一系列特种加工方法，如电火花加工、电解加工、超声波加工、电子束加工、离子束加工以及激光加工等，使机械制造工业呈现新的面貌。超硬材料、超塑材料、高分子材料、复合材料、工程陶瓷、非晶微晶合金、功能材料等新型材料的应用扩展了加工对象，导致新加工技术的产生，如超塑成形、等温铸造、扩散焊接、热等静压、粉浆浇注、注射成形、光造型直接成型技术等。新型材料的出现使传统的铸造、锻造、焊接、热处理、切削加工工艺技术不断发生改变，如焊接技术可以应用于各种非铁金属乃至非金属，固态焊接、扩散连接、特种钎焊比传统熔化焊表现出明显的优势。

3.2 数控技术

3.2.1 数控技术的组成和特点

数控技术是20世纪50年代诞生的一种自动控制技术，它综合了微电子技术、计算机技术、自动控制技术、伺服驱动及精密测量技术等多学科领域的最新成果，所控制的通常是位置、角度、速度等物理量。现代数控技术也叫做计算机数控技术，数控机床是典型的数控装备。机械加工过程中的各种控制信息用代码化的数字表示，由数控装置发出各种控制信号，控制数控机床的动作，使其按图纸要求的形状和尺寸，自动地将零件加工出来。数控机床较好地解决了复杂、精密、小批量、多品种的零件加工问题。1948年美国帕森斯公司在完成研制加工直升机桨叶轮廓用检查样板的加工机床任务时，提出了研制数控机床的初步设想。1949年在美国空军后勤部的支持下，帕森斯公司与麻省理工学院伺服机构实验室开始数控机床的研制工作，经过3年的研究，世界上第一台数控机床样机于1952年试制成功，这是一台采用脉冲乘法器的直线插补三坐标连续控制铣床，其数控系统全部采用电子管元件，其数控装置体积比机床本体还要大，后来经过3年的改进，该机床于1955年进入试用阶段。此后其他一些国家如德国、英国、日本、前苏联和瑞典等也相继开展了数控机床的研制开发和生产。1959年美国克耐·杜列克公司首次成功研制出加工中心，这是一种带有自动换刀装置和回转工作台的数控机床，可以在一次装夹中对工件的多个平面进行多工序的加工。由于价格和其他因素的影响，数控机床在早期仅限于航空、军事工业领域的应用，品种也多为连续控制系统。到20世纪60年代，由于晶体管的应用，数控系统可靠性进一步提高且价格下降，一些民用工业开始采用数控机床。随着电子技术、计算机技术、自动控制和精密测量等技术的发展，数控机床迅速发展和不断地更新换代，先后经历了5个发展阶段：

第1代数控机床：从1952年到1959年，采用电子管元件构成的专用数控装置；

第2代数控机床：从1959年开始，采用晶体管电路组成的NC系统；

第3代数控机床：从1965年开始，采用集成电路构成的NC系统；

第4代数控机床：从1970年开始，采用小型通用电子计算机控制系统；

第5代数控机床：从1974年开始，采用微型计算机控制系统。

我国从1958年开始研制数控机床，从1965年开始研制晶体管数控系统，并开展了数控铣床加工平面零件自动编程的研究。从20世纪80年代开始，我国先后从日本、美国、德国等国家引进先进的数控技术，并在引进、消化、吸收国外先进技术的基础上，由北京机床研究所开发出BSO3经济型数控系统和BSO4全功能数控系统，航空航天部706所研制出MNC864数控系统。到“八五”末期，我国数控机床的品种已有200多个，达到年产10000

台的生产水平。目前我国数控机床在品种、性能以及控制水平上都有了新的飞跃，数控技术已经进入了一个新的发展阶段。

从数控机床的技术水平看，高精度、高速度、高柔性、高性能和高自动化是数控机床的重要发展趋势。目前世界上著名的数控装置生产厂家，如日本的FANUC公司、德国的SIEMENS公司和美国的A&B公司，其产品都在向系列化、模块化、高性能和成套性方向发展。在驱动系统方面，交流驱动系统发展迅速，交流驱动已由模拟式向数字式方向发展，以运算放大器等模拟器件为主的控制器正被以微处理器为主的数字集成元件所取代，从而克服了零点漂移、温度漂移等弱点。

3.2.2 数控机床的组成部分

数控机床的种类很多，但任何一种数控机床都是由控制介质、数控系统、伺服系统、辅助控制系统和机床本体等若干基本部分组成，如图 3-2 所示。

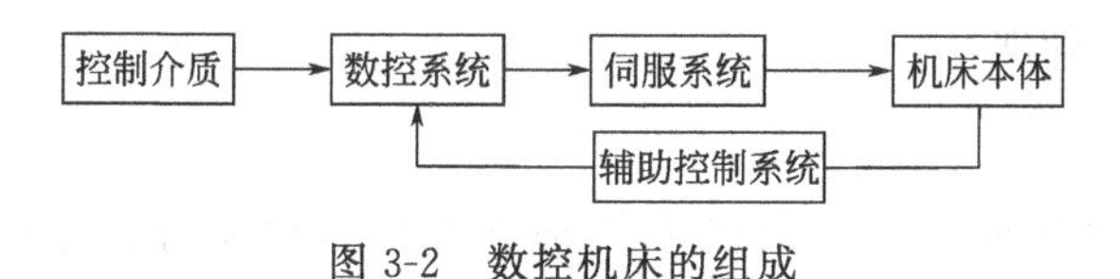

图 3-2 数控机床的组成

(1) 控制介质

数控系统工作时，不需要操作工人直接操纵机床，但机床又必须执行人的意图，这就需要在人与机床之间建立中间媒介即控制介质，控制介质上存储着操作信息和刀具相对工件位移信息等零件加工所需要的全部信息，即控制介质是将零件加工信息传送到数控装置去的信息载体。

(2) 数控系统

数控系统是数控机床的中心环节。它能自动阅读输入载体上事先给定的数字，并将其译码，从而使机床刀具运动并加工零件。数控系统通常由输入装置、控制器、运算器和输出装置 4 部分组成，如图 3-3 所示。

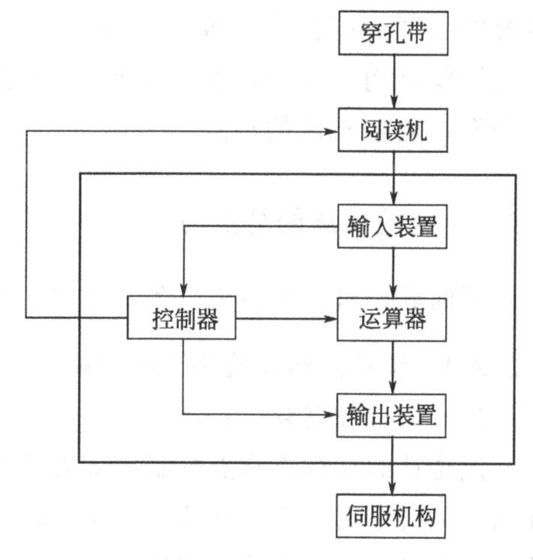

图 3-3 数控系统结构

输入装置输入指令和数据到各个相应的寄存器，控制器根据这些指令控制机床的各种动作，如控制工作台沿某一坐标轴的运动、主轴变速和冷却液的开关等。

运算器将输入装置送来的数据进行某种运算，并不断向输出装置送出运算结果，使伺服系统执行所要求的运动。对于复杂的零件轮廓，控制系统能进行插补运算，就是将每个程序段输入的工件轮廓上的某起始点和终点的坐标数据送入运算器，经过运算之后在起点和终点之间进行“数据密化”，按控制器的指令向输出装置送出计算结果，输出装置根据控制器的指令将运算器送来的计算结果输送到伺服系统，经过功率放大驱动相应的运动轴，使机床完成刀具相对工件的运动。

(3) 伺服系统

伺服系统由伺服驱动电动机和伺服驱动装置组成，它是数控系统的执行部分。伺服系统接受数控系统的指令信息，并按照指令信息的要求带动机床的移动部件运动，以加工出符合要求的工件。指令信息是脉冲信息的体现，每个脉冲使机床移动部件产生的位移量叫做脉冲当量。机械加工中常用的脉冲当量有0.01mm/脉冲、0.005mm/脉冲、0.001mm/脉冲等，目前的数控系统脉冲当量多为0.001mm/脉冲。伺服系统的好坏直接影响着数控加工的速度、精度，开环系统的伺服机构常用步进电机和电液脉冲马达，闭环系统常用调速直流电机和电液伺服驱动装置。

(4) 辅助控制系统

辅助控制系统是介于数控装置和机床机械部件之间的控制装置，它接受数控装置输出的主运动变速、刀具选择交换、辅助装置动作等指令信号，经过功率放大后直接驱动相应的电器、液压、气动和机械部件，以完成各种规定的动作。此外，有些开关信号经过辅助控制系统传输给数控装置进行处理。

(5) 机床本体

机床本体是数控机床的主体，由机床的基础大件（如床身、底座）和各种运动部件（如工作台、床鞍、主轴等）组成，是在普通机床的基础上改进而成的。其具有以下特点：①采用高性能的主轴与伺服传动系统及传动装置；②数控机床机械结构具有较高的刚度、阻尼精度和耐磨性；③采用高效传动部件，如滚珠丝杠副、直线滚动导轨等。与传统的手动机床相比，数控机床的外部造型、整体布局，传动系统与刀具系统的部件结构及操作机构等方面都发生了很多变化。这些变化的目的是为了满足数控机床的要求和充分发挥数控机床的特点。

3.2.3 数控机床的分类与应用

当前数控机床的品种很多，结构、功能各不相同，通常可以按下述方法进行分类。

3.2.3.1 按机床运动轨迹进行分类

(1) 点位控制数控机床

点位控制又称点到点控制，即刀具从某一位置向另一位置移动时，不管中间的移动轨迹如何，只要最后能准确到达目标位置就可以，刀具在移动和定位过程中不进行任何加工。因此，为了尽可能减少移动部件的运动时间和定位时间，刀具一般先快速移动到接近目标点位的位置，然后进行连续降速或分级降速，慢速趋近目标点位，以保证其定位精度。点位控制加工如图3-4所示。这类机床主要有数控坐标镗床、数控钻床、数控点焊机和数控折弯机等，其相应的数控装置称为点位控制数控装置。

(2) 直线控制数控机床

直线控制数控机床和点位控制数控机床的区别在于当刀具相对工件移动时可以进行切削加工，而且其辅助功能比点位控制数控机床多。直线控制加工如图3-5所示。

这类机床主要有数控磨床和数控镗、铣床等，其相应的数控装置称为直线控制数控装置。

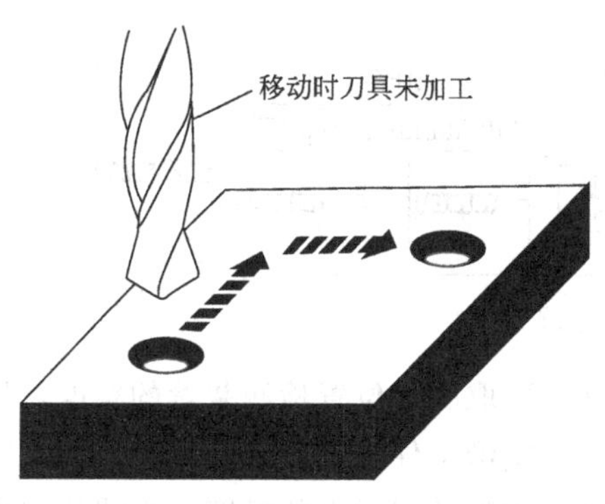

图 3-4　点位控制加工示意图

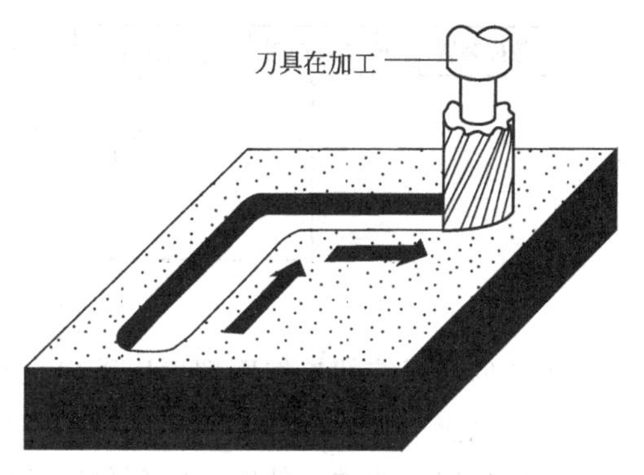

图 3-5　直线控制加工示意图

(3) 轮廓控制数控机床

轮廓控制又称连续控制，特点是能同时控制两个以上的轴联动，具有插补功能，它不仅要控制加工过程中每一点的位置和刀具移动速度，还要控制加工轮廓的形状。轮廓控制加工如图 3-6 所示。这类机床有数控铣床、加工中心等。其相应的数控装置称为轮廓控制装置。轮廓控制装置比点位控制、直线控制装置复杂得多。

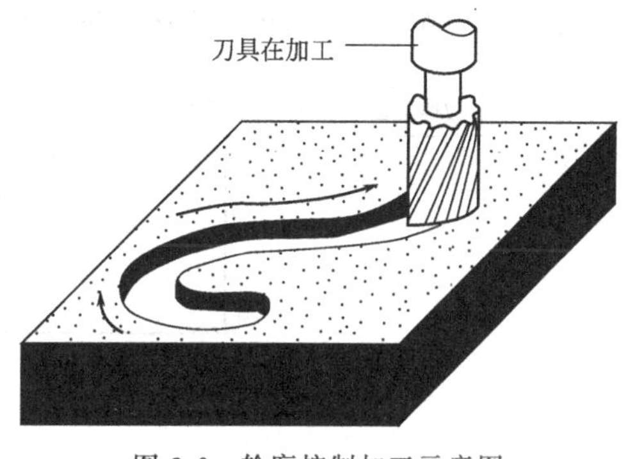

图 3-6　轮廓控制加工示意图

3.2.3.2　按伺服系统类型进行分类

按伺服系统类型不同，可分为开环控制数控机床、闭环控制数控机床和半闭环控制数控机床。

(1) 开环控制数控机床

开环控制数控机床通常不带位置检测元件，伺服驱动元件一般为步进电动机。数控装置每发出一个进给脉冲，步进电动机转动一个固定角度，再通过机械传动系统驱动工作台运动。开环伺服系统如图 3-7 所示。这种系统没有被控对象的反馈值，系统的精度完全取决于步进电动机的步距精度和机械传动的精度，其控制线路简单，调节方便，精度较低，通常应用于小型或经济型数控机床。

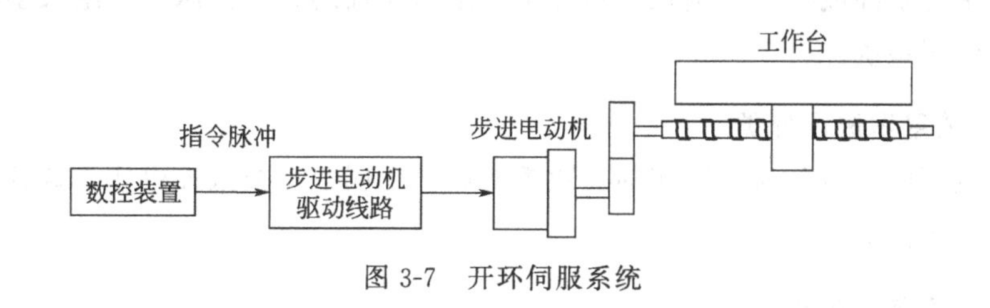

图 3-7　开环伺服系统

(2) 闭环控制数控机床

闭环控制数控机床通常带位置检测元件，随时可以检测出工作台的实际位移并反馈给数控装置，与设定的指令值进行比较后，利用其差值控制伺服电动机，直至差值为零。这类机床一般采用直流伺服电动机或交流伺服电动机驱动。位置检测元件有直线光栅、磁栅、同步感应器等。闭环伺服系统如图 3-8 所示。

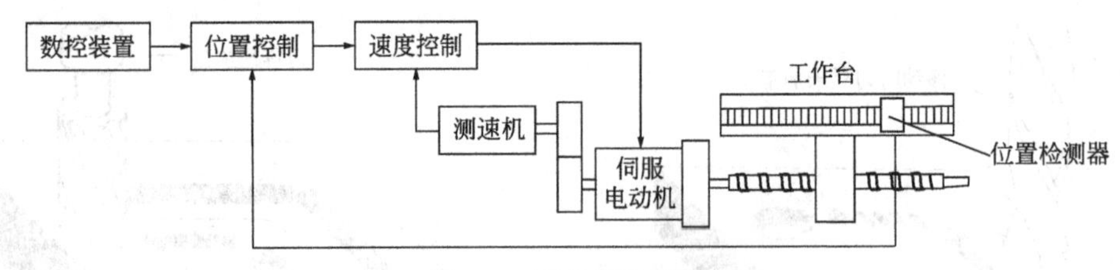

图 3-8 闭环伺服系统

由闭环伺服系统的工作原理可以看出，系统精度主要取决于位置检测装置的精度，从理论上讲，它完全可以消除由于传动部件制造中存在的误差给工件加工带来的影响，所以这种系统可以得到很高的加工精度。闭环伺服系统的设计和调整都有很大的难度，直线位移检测元件的价格比较昂贵，主要用于一些精度要求较高的镗铣床、超精车床和加工中心。

（3）半闭环控制数控机床

半闭环控制数控机床通常将位置检测元件安装在伺服电动机的轴上或滚珠丝杠的端部，不直接反馈机床的位移量，而是检测伺服系统的转角，将此信号反馈给数控装置进行指令比较，用差值控制伺服电动机。半闭环伺服系统如图 3-9 所示。

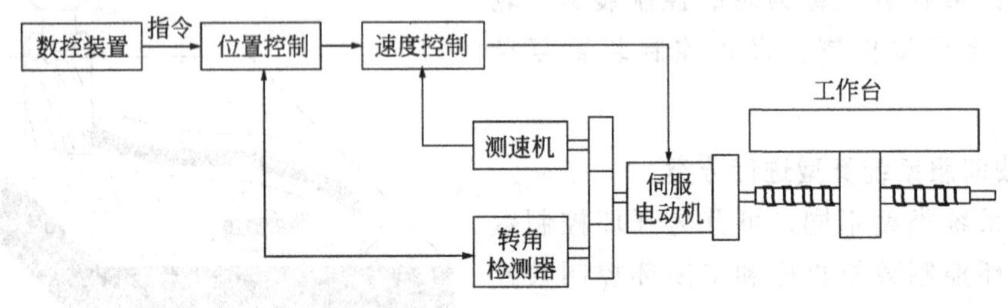

图 3-9 半闭环伺服系统

因为半闭环伺服系统的反馈信号取自电动机轴的回转，因此系统中的机械传动装置处于反馈回路之外，其刚度、间歇等非线性因素对系统稳定性没有影响，调试方便。同样，机床的定位精度主要取决于机械传动装置的精度，但是现在的数控装置均有螺距误差补偿和间歇补偿功能，不需要将传动装置各种零件的精度提得很高，通过补偿就能将精度提高到绝大多数用户都能接受的程度。再加上直线位移检测装置比角位移检测装置昂贵得多，因此，除了对定位精度要求特别高或行程特别长，不能采用滚珠丝杠的大型机床外，绝大多数数控机床均采用半闭环伺服系统。

3.2.3.3 按工艺用途进行分类

按工艺用途不同，可分为金属切削类数控机床、金属成型类数控机床、数控特种加工机床和其他类型的数控机床。

（1）金属切削类数控机床

金属切削类数控机床包括数控车床、数控钻床、数控铣床、数控磨床、数控镗床以及加工中心。切削类机床发展最早，目前种类繁多，功能差异也较大，加工中心能实现自动换刀，这类机床都有一个刀库，可容纳 10～100 把刀具。其特点是工件一次装夹后可完成多道工序。为了进一步提高生产效率，有的加工中心使用双工作台，一面加工，一面装卸，工作台可以自动交换。

(2) 金属成型类数控机床

金属成型类数控机床包括数控折弯机、数控组合冲床和数控回转头压力机等。这类机床起步晚，但目前发展很快。

(3) 数控特种加工机床

数控特种加工机床有电火花线切割机床、数控电火花成型加工机床、火焰切割机和数控激光机切割机床等。

(4) 其他类型的数控机床

其他类型的数控机床有数控三坐标测量机床等。

3.2.3.4 按数控系统功能水平进行分类

按数控系统功能水平不同，数控机床可分为低、中、高3个档次。低档数控系统一般采用8位CPU，中、高档数控系统采用32位的CPU，现在有些CNC装置已采用64位的CPU。一般认为，分辨率为10μm，进给速度为8～10m/min的属于低档数控机床；分辨率为1μm，进给速度为10～20m/min的属于中档数控机床；分辨率为0.1μm，进给速度超过20m/min的属于高档数控机床。通常分辨率应比机床所要求的加工精度高一个数量级。

一般而言，采用开环系统和步进电动机的为低档数控机床，中、高档数控机床多采用半闭环或闭环的直流或交流伺服系统。数控机床联动轴数也是区分数控机床档次的一个常用标志。按同时控制的联动轴数，可分为2轴联动、3轴联动、2.5轴联动（任一时刻3轴中只能实现两轴联动，另一轴则是点位或直线控制）、4轴联动、5轴联动等。低档数控机床的联动轴数一般不超过2轴；中、高档的联动轴数则为3～5轴。低档数控系统一般无通信接口，中档数控系统可以有RS-232C接口或DNC接口；高档数控系统有MAP通信接口，具有联网功能。低档数控系统一般只有简单的数码管显示或单色CRT字符显示，中档数控系统则有较齐全的CRT显示，不仅有字符，而且有二维图形、人机对话、状态和自诊断等功能；高档数控系统还可以有三维图形显示、图形编辑等功能。

3.2.4 数控加工编程技术

数控机床按照事先编制好的数控加工程序自动进行加工，理想的加工程序不仅应保证加工出符合要求的合格工件，同时应能使数控机床的功能得到合理的利用和充分的发挥，尽可能提高加工效率，同时应使机床能安全可靠地高效工作。

数控机床的坐标系采用右手直角坐标系（见图3-10），现代数控机床一般都有一个基准位置，称为机床原点（见图3-11中的O_1点）或机床绝对原点，是机床制造商设置在机床上的一个物理位置，其作用是使机床与控制系统同步，建立测量机床运动坐标的起始点。

加工原点（图3-11中的O_3点）是编程人员在数控编程过程中定义在工件上的几何基准点，有时也称为编程原点，一般用G92或G54～G59代码（对于数控镗、铣床）和G50代码（对于数控车床）指定。

数控系统的运动控制指令可采用两种编程坐标系统进行编程，即绝对坐标编程和增量坐标编程。绝对坐标编程在程序中用G90指定，刀具运动过程中所有的刀具位置坐标是以一个固定的编程原点为基准给出的。增量坐标编程在程序中用G91指定，刀具运动的指令数值是按刀具当前所在位置到下一个位置之间的增量给出的。

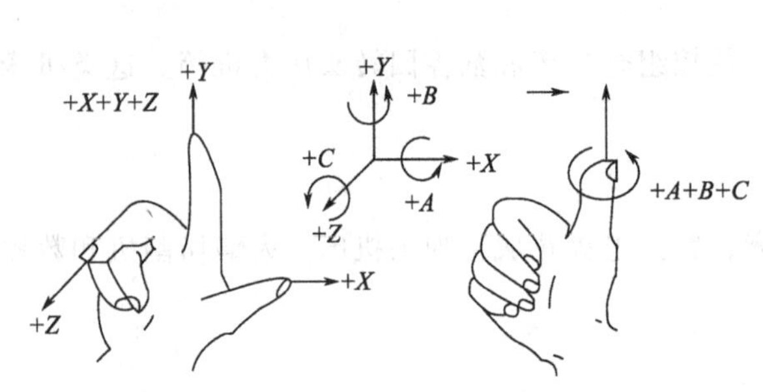

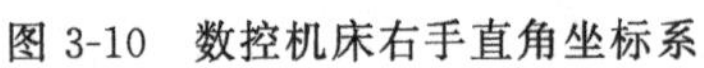
图 3-10 数控机床右手直角坐标系

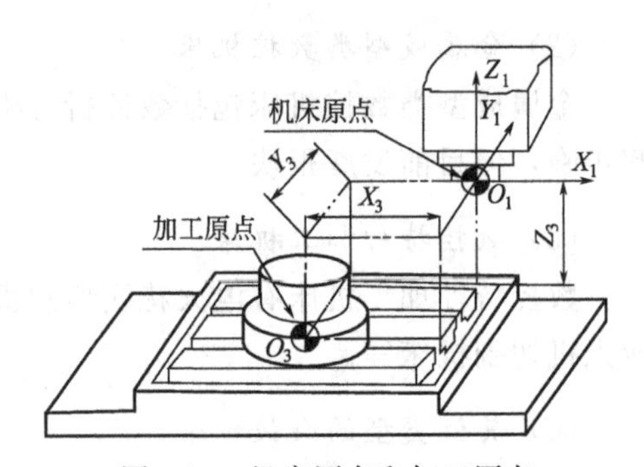

图 3-11 机床原点和加工原点

准备功能指令由字符 G 和其后的 1～3 位数字组成，常用的为 G00～G99。准备功能的主要作用是指定机床的运动方式，为数控系统的插补运算做准备。JB3028-83 标准中的规定的准备功能 G 代码见表 3-1。

表 3-1 JB3028-83 标准中规定的准备功能 G 代码

代码	功能	代码	功能
G00	点定位	G50	刀具偏置 0/－
G01	直线插补	G51	刀具偏置＋/0
G02	顺时针方向圆弧插补	G52	刀具偏置－/0
G03	逆时针方向圆弧插补	G53	直线偏移,注销
G04	暂停	G54	直线偏移 X
G05	不指定	G55	直线偏移 Y
G06	抛物线插补	G56	直线偏移 Z
G07	不指定	G57	直线偏移 XY
G08	加速	G58	直线偏移 XZ
G09	减速	G59	直线偏移 YZ
G10～G16	不指定	G60	准确定位(精)
G17	XY 平面选择	G61	准确定位(中)
G18	ZX 平面选择	G62	准确定位(粗)
G19	YZ 平面选择	G63	攻丝
G20～G32	不指定	G64～G67	不指定
G33	螺纹切削,等螺距	G68	刀具偏置,内角
G34	螺纹切削,增螺距	G69	刀具偏置,外角
G35	螺纹切削,减螺距	G70～G79	不指定
G36～G39	不指定	G80	固定循环注销
G40	刀具补偿/刀具偏置注销	G81～G89	固定循环
G41	刀具补偿—左	G90	绝对尺寸
G42	刀具补偿—右	G91	增量尺寸
G43	刀具偏置—左	G92	预置寄存
G44	刀具偏置—右	G93	进给率,时间倒数
G45	刀具偏置＋/＋	G94	每分钟进给
G46	刀具偏置＋/－	G95	主轴每转进给
G47	刀具偏置－/－	G96	恒线速度
G48	刀具偏置－/＋	G97	每分钟转数(主轴)
G49	刀具偏置 0/＋	G98～G99	不指定

辅助功能指令即“M”指令，由字母M和其后的两位数字组成，包括M00～M99共100个。M指令主要是用于机床加工操作时的工艺性指令。常用的M指令如下：

M00—程序停止；

M01—计划程序停止；

M02—程序结束；

M03、M04、M05—分别为主轴顺时针旋转、主轴逆时针旋转及主轴停止；

M06—换刀；

M08—冷却液开；

M09—冷却液关；

M30—程序结束并返回。

其他常用功能指令还有T功能（刀具功能）、S功能（主轴速度功能）、F功能（进给速度功能）等。

数控编程是指将被加工零件的加工顺序、刀具运动轨迹的尺寸数据、工艺参数（主运动、进给运动速度和切削深度等）以及辅助操作（换刀，主轴的正、反转，切削液的开、关，刀具夹紧、松开等）的加工信息，用规定的数字、字符、符号组成的代码按一定格式编写成数控加工程序的全过程。数控编程的主要任务是计算加工走刀中的刀位点。刀位点一般取为刀具轴线与刀具表面的交点，多轴加工中还要给出各轴矢量。数控编程的基本内容如图3-12所示。

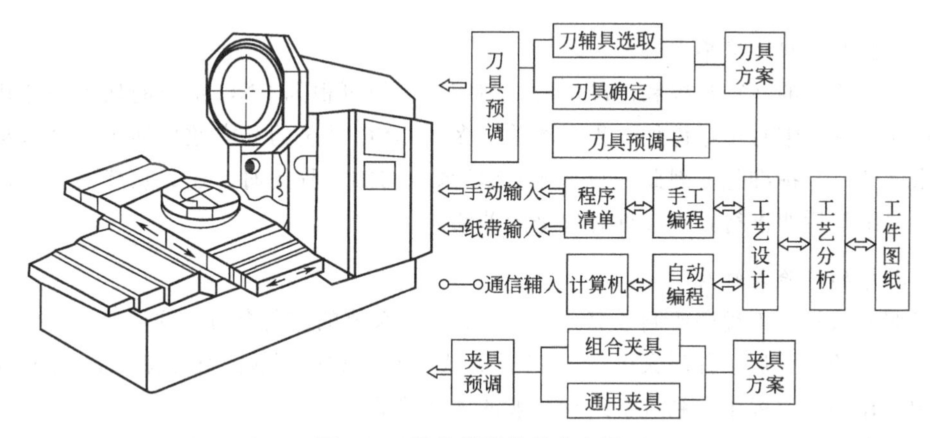

图3-12 数控编程的基本内容

零件程序编制包括分析零件图样、工艺处理、数学处理、编制加工程序清单、程序的校验与修改五个主要步骤。

（1）分析零件图样

零件程序编制工作一般从分析零件图样入手，全面了解被加工零件的几何形状和尺寸、加工要求以及零件材料和热处理等技术要求，以便正确地对零件进行工艺处理。

（2）工艺处理

工艺处理除了确定加工方案等一般工艺规程设计内容外，还要正确选择工件坐标原点，确定机床换刀点，选择合理的走刀路线等具体工作内容，具体如下：①确定加工方案。包括选择适合的数控机床，选择或设计夹具及工件装夹方法，合理选择刀具及切削用量，这些内容与普通机床的零件加工工艺设计的内容基本相似；②正确选择工件坐标原点。也就是建立工件坐标系，确定工件坐标系与机床坐标系的相对尺寸，便于刀具轨迹和有关几何尺寸的计算，并且也要考虑零件形位公差的要求，避免产生累积误差等；③确定机床的对刀点或换刀点。机床的对刀点或换刀点是数控加工程序中刀具的起点，要便于对刀点检测与刀具轨迹的计算，要考虑换刀时避免刀具与工件及有关部件产生干涉、碰撞，同时又要尽量减少起点或换刀时的空行程距离；④选择合理的走刀路线。所谓走刀路线就是整个加工过程中刀具相对工件的具体运动轨迹，包括刀具快速接近与退出加工部位时的空行程轨迹和切削加工轨迹，是对刀具与工件间相对运动过程的全面与具体的描述。选择走刀路线时应尽量缩短走刀路线，减少空行程，提高生产率，同时还要保证加工零件的精度和表面粗糙度要求；⑤确定有关辅助功能，如切削液的先后起、停要求，确定加工中对重要尺寸的自动或停机检测等。

(3) 数学处理

所谓数学处理，是根据零件图纸要求，按已确定的走刀路线和允许的编程误差，计算出数控编程所需要的数据。主要有基点计算、节点计算、列表曲线的拟合、复杂三维曲线或曲面的坐标运算等内容。此外，对于无刀具补偿功能的 CNC 系统，不仅要计算平面加工时的刀具中心轨迹，还要计算廓型加工时的刀具中心轨迹。随着各种 CAD/CAM 软件的推广普及，现在的数学处理已经很少采用手工方式，完全可以在 CAD/CAM 系统支持下人机交互或自动完成。

(4) 编制加工程序清单

利用走刀路线的计算数据和已确定的切削用量，便可根据 CNC 系统的加工指令代码和程序段格式，逐段编写出零件加工程序清单。多数 CNC 系统的基本数控加工指令和程序段格式尚未做到完全标准化，因此编写具体 CNC 系统的加工程序时，还必须严格参照设备生产厂家有关编程说明进行，不允许有丝毫的差错。

(5) 程序的校验与修改

最早期的数控加工程序要制成穿孔带后作为 NC 系统的控制介质，这种情况早已不存在了，目前简单的数控加工程序大多在 MDI 的方式下利用数控面板的键盘输入到 CNC 系统的存储器中，在输入过程中，系统要进行一般的语法检验。

加工程序应进行空运行检验或图形仿真检验，发现错误要进行修改，然后进行首件试切，在已加工零件被检测无误后，数控编程工作才算正式结束。数控程序也可在其他编程计算机上完成，通过串行接口由编程计算机输入到 NC 系统，或通过软盘输入。采用计算机辅助编程可以大大提高编程效率和质量，计算机辅助数控编程又称自动编程，是由计算机完成数控加工程序编制过程中的全部或大部分工作。对于复杂型面的加工，其坐标运动计算十分复杂，很难用手工编程，一般必须采用计算机辅助编程方法。

计算机辅助编程就是借助于通用计算机来编制程序，其过程如图 3-13 所示，可分为源程序编制和目标程序编制两个阶段。

一个完整的数控语言系统由前置处理和后置处理两部分组成。前置处理是对用数控语言所编制的源程序进行输入、翻译、运算、刀具中心轨迹和刀位偏差计算以及输出刀位数据，又称为主处理、主信息处理或信息处理，这部分工作可独立于具体的数控机床进行工作。后

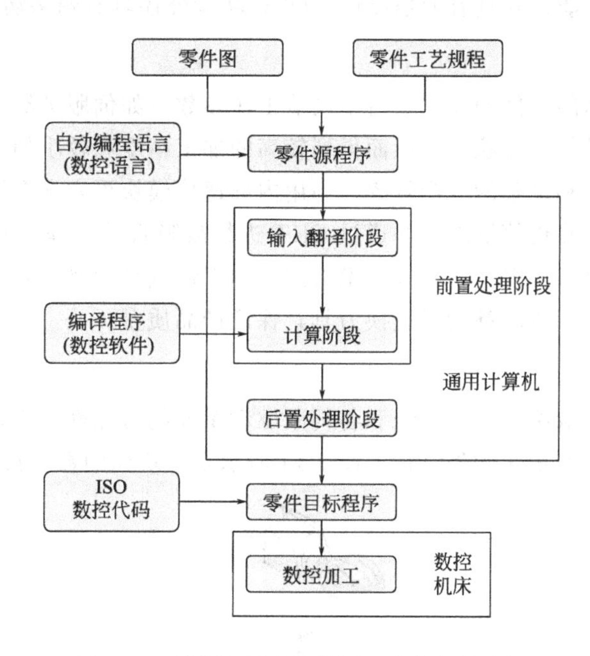

图 3-13　计算机辅助数控加工程序编制过程

置处理是按数控机床控制系统的要求来设计，包括输入刀位数据、功能信息处理、运动信息处理、输出数控程序等工作。前置处理和后置处理工作在计算机辅助数控加工中有很大比重。前置处理如采用现成的计算机辅助制造软件或自动数控编程系统，则二次开发量不大；后置处理是计算机辅助加工中的一个功能模块。

3.2.5　数控加工技术的发展趋势

随着科学技术的发展，当今的数控加工正在不断采用最新技术成就，朝着高速化、高精度化、多功能化、智能化、系统化和高可靠性等方向发展。具体表现在以下几个方面。

（1）高速度与高精度化

加工速度和精度是数控机床的两个重要指标，它直接关系到加工效率和产品的质量，超高速切削、超精密加工技术中对机床各坐标轴位移速度和定位精度提出了更高的要求。另外，这两项技术指标又是相互制约的，也就是说速度越高，精度就越难提高。另外，机床静、动摩擦系数的非线性特点会导致机床爬行，影响精度，需要在机械结构上采取措施降低摩擦，一般新型的数控伺服系统具有自动补偿机械系统静、动摩系数的功能。超高速数控机床一般采用所谓的“内装式电动机主轴”，简称“电主轴”，即主轴电动机与机床主轴合二为一，将其电机的空心转子直接套装在机床主轴上，带有冷却套的定子则安装在主轴单元的壳体内，机床主轴单元的壳体就是电动机机座，实现了变频电动机与机床主轴一体化。主轴电动机的轴承多采用磁浮轴承、液体动静压轴承和陶瓷滚动轴承等形式，以适应主轴高速运转的要求。

（2）多功能化

数控机床具有前台加工、后台编辑的前后台功能，以充分提高工作效率和机床利用率，且具有更高级的通信功能，除具有通信接口、DNC 功能外还具有网络功能。

(3) 智能化

数控机床能根据切削条件的变化，自动调节工作参数（如伺服进给参数、切削用量等），使加工过程中能保持最佳工作状态，从而得到较高的加工精度和较小的表面粗糙度，同时也能提高刀具的使用寿命和设备的生产效率。利用内部通信模块可实现在线故障诊断，一旦出现故障立即采取补救或停机等措施，并通过 CRT 进行故障报警，提示发生故障的部位、原因等。可利用红外、超声发射、激光等技术对刀具和工件进行检测，发现工件超差、刀具磨损、破损后可及时报警、自动补偿或更换刀具，保证产品质量。

(4) 高可靠性

数控机床的可靠性取决于数控系统和各伺服驱动单元的可靠性，为提高可靠性，目前多采用模块化、标准化、通用化硬件结构，图 3-14 所示是模块化的数控机床结构。

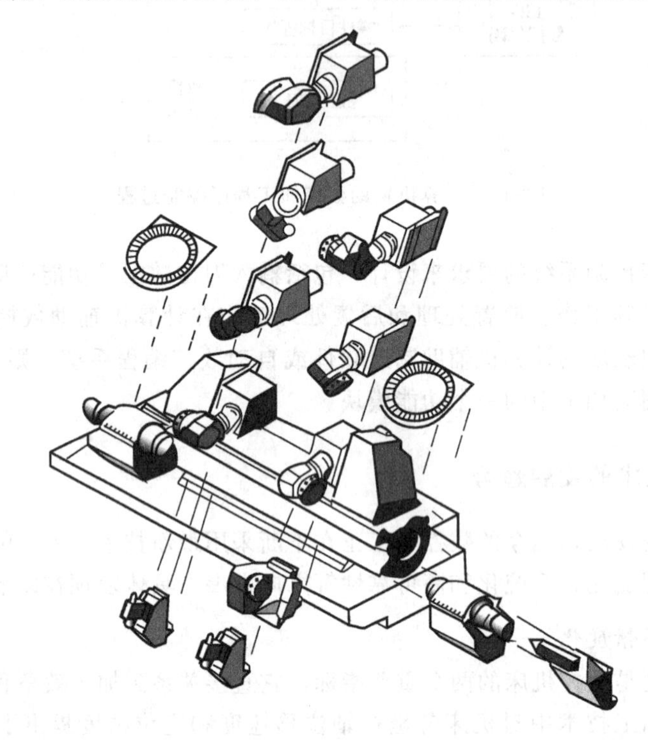

图 3-14 模块化的数控机床结构

3.3 超精密加工技术

3.3.1 概述

超精密加工的精度范围在 0.01μm 左右，表面粗糙度 Ra 小于 0.05μm，超精密加工多用于精密元件制造。和综合加工精度发展情况一样，超精密加工的标准也是随着时间的发展而不断提高的，图 3-15 所示为综合加工精度与年代之间的关系。

表 3-2 为几种典型零件的尺寸精度和表面质量指标。

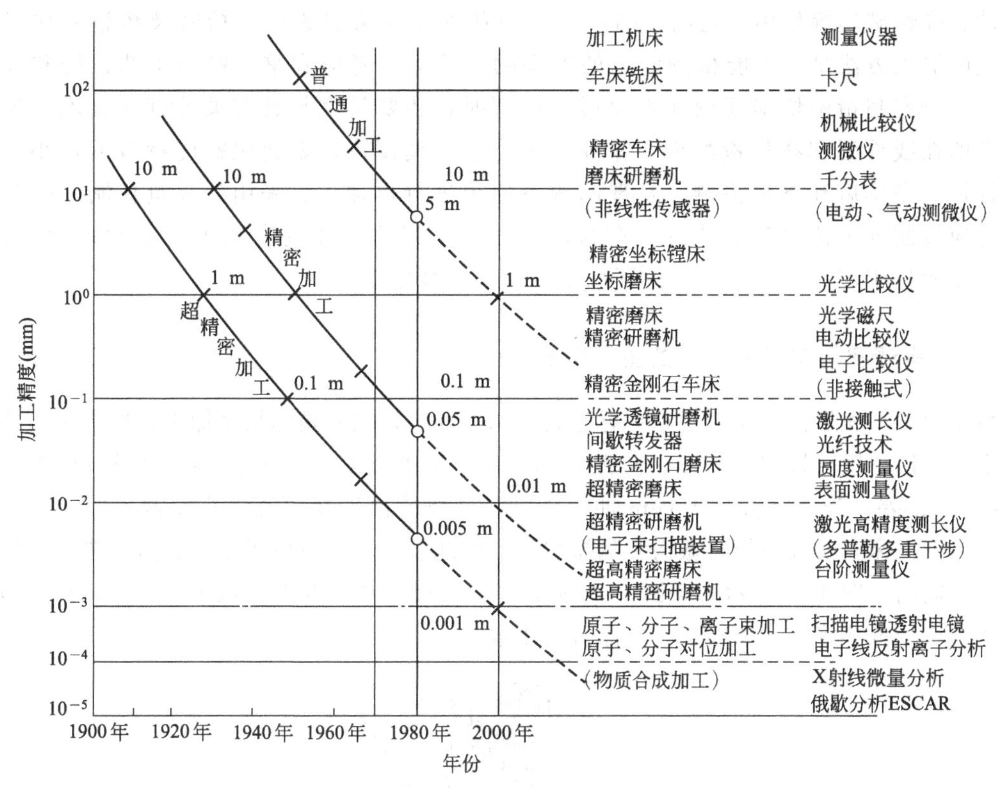

图 3-15 综合加工精度与年代之间的关系

表 3-2 几种典型零件的尺寸精度和表面质量指标

零件	加工精度/μm	表面粗糙度 Ra/μm
激光光学零件	形状误差 0.1	0.01～0.05
多面镜	平面度误差 0.04	<0.02
磁头	平面度误差 0.04	<0.02
磁盘	波度 0.01～0.02	<0.02
雷达导波管	平面度、垂直度误差<0.1	<0.02
卫星仪表轴承	圆柱度误差<0.01	<0.002
天体望远镜	形状误差<0.03	<0.01

许多零件的制造需要用到超精密加工，例如陀螺仪球的圆度误差要求控制在 0.1μm 之内，表面粗糙度 Ra<0.01μm，飞机发电机转子叶片的加工误差要求小于 12μm，这些零部件都必须采用超精密加工技术才能达到要求。超精密加工方法主要可分为两类：一类是采用金刚石刀具对工件进行超精密的微细切削，或应用磨料磨具对工件进行研磨、抛光、精密与超精密磨削等；另一类是采用激光加工、微波加工、等离子体加工、超声波加工、光刻等特种加工方法。精密磨削主要是靠对砂轮的精细修整，使砂粒具有微刃性和等高性，这些等高的微刃在磨削时能切除极薄的金属层，从而获得具有大量极细微磨痕、残留高度极小的加工表面，再加上无火花阶段微刃的挤压、摩擦和抛光作用，使工件获得很高的加工精度。超精密磨削则是采用人造金刚石、立方氮化硼等超硬磨料对工件进行磨削加工，与普通磨削最大的区别是径向进给量极小，属于超微量切除，可能还伴有塑

性流动和弹性破坏等作用。它的磨削机理目前还处于探索过程中。精密及超精密加工光凭孤立的加工方法是不可能得到满意的效果的，还必须考虑到整个制造工艺系统和综合技术。在研究超精密切削理论和表面形成机理时，还要研究与其有关的其他技术。超精密加工的在线检测和在位检测极为重要，因为加工精度高，表面粗糙度参数值很小，如果工件加工完毕后卸下再检测，发现问题不便于进行再加工。采用计算机控制、误差补偿、适应控制和工艺过程优化等生产自动化技术可以进一步提高加工精度和表面质量，避免手工操作引起的人为误差，保证加工质量及其稳定性。

3.3.2 影响精密与超精密加工的主要因素

精密加工和和超精密加工要求具有稳定的加工环境，尤其是超精密加工，要求机床处于极稳定的工作环境（恒温、超净、防振）。如 100mm 长的铝合金零件温度变化 1℃将产生 2.25μm 的误差；若要求确保 0.1μm 加工精度，则环境温度变化范围应保持±0.05℃范围内。超精密机床多安放在带防振沟和隔振器的防振地基上，还可使用空气弹簧（垫）对低频振动进行隔离。图 3-16 所示为美国 LLL 实验室 LODTM 大型超精密机床的支撑，它用四个很大的空气隔振垫将机床架起来，并保持机床水平。

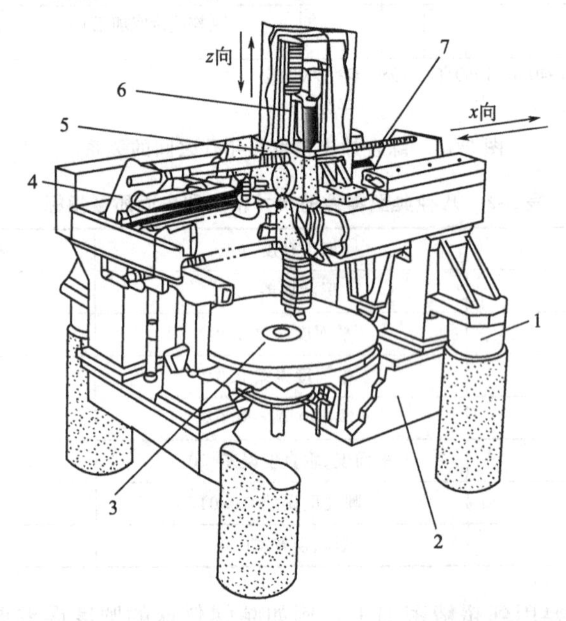

图 3-16 美国 LLL 实验室 LODTM 大型超精密机床的支撑

1—隔振空气弹簧；2—床身；3—工作台（直径 1.5mm）；4—测量基准架；5—溜板箱；6—刀架（有重量平衡，行程 0.5m）；7—激光通路波纹管

为了保证精密与超精密加工产品的质量，还必须对周围的空气环境进行净化处理，减空气中的尘埃含量，提高空气的洁净度。所谓空气洁净度是指每立方英尺的空气中含尘埃量的多少，尘埃浓度越低，则空气洁净度越高。超精密加工技术的快速发展对空气洁净度提出了苛刻的要求，并且被控制的微粒直径从 0.5μm 减小到 0.3μm，有的甚至减小到 0.1μm 或 0.01μm。表 3-3 给出了美国 209D 标准各洁净度级别的不同直径尘埃微粒的上限浓度。

表 3-3 美国 209D 标准各洁净度级别的上限浓度 [个/(ft)^3]

级别	直径/μm				
	0.1	0.2	0.3	0.5	5
1	35	7.5	3	1	—
10	350	75	30	10	—
100	—	750	300	100	—
1000	—	—	—	1000	7
10000	—	—	—	10000	70
100000	—	—	—	100000	700

超精密加工测量仪器的精度要求更高，例如超精密加工测量仪器中的激光干涉仪的测量精度为±0.08μm，光波干涉显微镜的分辨能力可达 0.5nm，电气测量仪的放大倍数可达 100 万倍，重复精度为 0.5nm。误差补偿系统对于精密和超精密加工是必不可少的。误差补偿系统一般由测量装置、控制装置及补偿装置三部分组成。测量装置向补偿装置发出脉冲信号，后者接受信号后进行脉冲补偿。每次补偿量的大小取决于加工精度及刀具磨损情况。每次补偿量越小，补偿精度越高，工件尺寸分散范围越小，但对补偿机构的灵敏度相应也要求越高。

3.3.3 精密和超精密机床的精度要求

精密和超精密机床的主要精度指标有主轴的回转精度、导轨运动精度、定位精度、重复定位精度，进给分辨率及分度精度等。精密车床主轴回转精度一般在 1μm 之内，导轨直线度小于 10μm/100mm，精密坐标磨床的定位精度在 1～3μm，分辨率一般为 0.01μm，具有在线误差补偿的微量进给系统。超精密车床主轴的回转精度大多在 0.03～0.05μm，导轨直线度为 0.1～0.2μm/250mm，定位精度为 0.01μm，重复定位精度为 0.006μm，进给分辨率为 0.003～0.008μm，分度精度为 0.5″。精密和超精密机床都具有较高的稳定性和良好的耐磨性，抗干扰性好。

主轴部件是超精密机床保证加工精度的核心部件，要获得较高的回转精度，主轴结构必须紧凑。由于滚动轴承影响回转精度的因素较多，故绝大多数超精密机床都采用空气静压轴承主轴或液体静压轴承主轴。空气静压轴承主轴具有回转精度高、摩擦小、发热少、驱动功率小、振动小等优点，但也存在刚度小、承载能力低的缺点，因而通常用于中小型超精密机床上。图 3-17 所示为一种双半球结构空气静压轴承主轴，其前后轴承均采用半球状。由于轴承的气浮面是球面，有自动调心作用，可提高前后轴承的同心度和主轴的回转精度。

液体静压轴承主轴部件刚度和阻尼大，转动平稳，故一般用于大型超精密机床。图 3-18 为典型的液体静压轴承主轴结构原理图，压力油通过节流孔进入轴承耦合面间的油腔，使轴在轴套内悬浮，不产生固体摩擦。当轴受力偏歪时，耦合面间泄油的间隙改变，造成相对油腔中油压不等，油的压力差将推动轴回到原来的中心位置。但液体静压轴承主轴也有明显的缺陷：工作时油温会升高，造成热变形，从而影响主轴精度，并且会将空气带入，降低液体静压轴承的刚度。

超精密机床对导轨的要求是运动平稳、运动直线度高。超精密机床的床身和导轨多采用

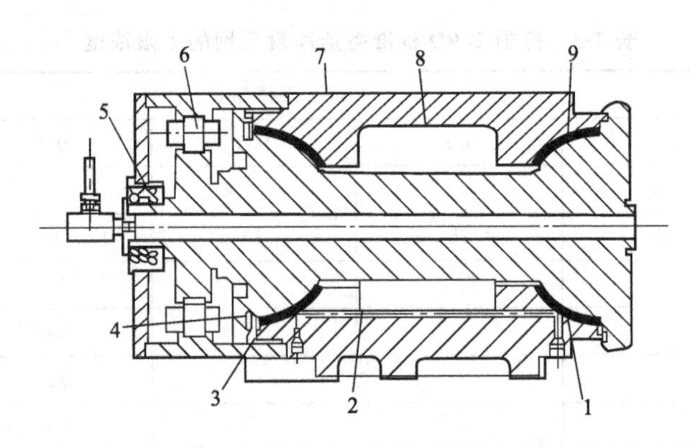

图 3-17 双半球空气静压轴承主轴

1—前轴承；2—供气孔；3—后轴承；4—定位环；5—旋转变压器；6—无刷电动机；7—外壳；8—轴；9—多孔石墨

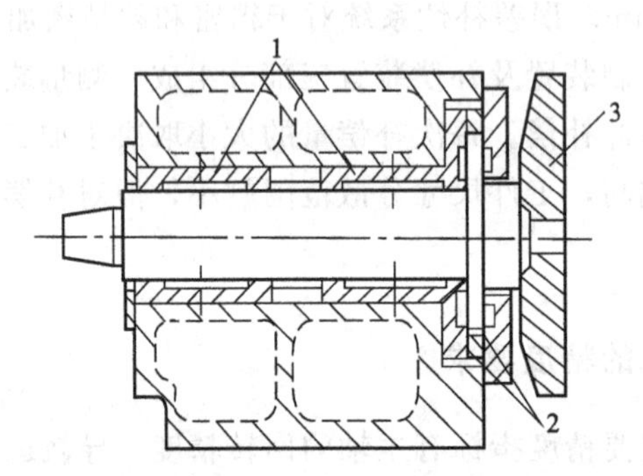

图 3-18 典型液体静压轴承主轴结构原理图

1—径向液压轴 7；2—止推液压轴承；3—真空吸盘

热膨胀系数低、阻尼特性好、尺寸稳定的花岗岩制造。目前超精密机床导轨主要采用空气静压导轨和液体静压导轨。其中空气静压导轨具有移动精度高、摩擦力小、高速运动时发热少等特点，但其刚度、承载能力及抗振性能不如液体静压导轨，液体静压导轨高速运动时发热量大，多用于中大型机床上。

超精密机床对进给驱动系统的总的要求是刚度高、运动平稳、传动无间隙、移动灵敏度高、调速范围宽。超精密机床一般采用分辨率为 0.01μm 的数控驱动系统，采用直流或交流伺服电动机通过精密丝杆带动导轨上的运动部件，要求微量进给机构满足如下的要求：

① 微进给与粗进给分开，以提高微位移的精度、分辨率和稳定性；

② 运动部分必须具有低摩擦性和高稳定性，以便实现很高的重复精度；

③ 末级传动元件必须有很高的刚度；

④ 应能实现微进给的自动控制，动态性能好。

图 3-19 所示为双 T 形弹性变形式微进给机构原理图。当驱动螺钉 4 前进时，两个 T 形弹簧 2、3 变直伸长，从而可使微位移刀夹前进。该微进给机构分辨率为 0.01μm，最大输出位移为 20μm，输出位移方向的静刚度为 70N/μm，满足切削负荷要求。

图 3-20 所示是一种压电陶瓷式微量进给机构，可实现的最大位移为 15～16μm，分辨率为 0.01μm，静刚度为 60N/μm，具有很高的响应频率。

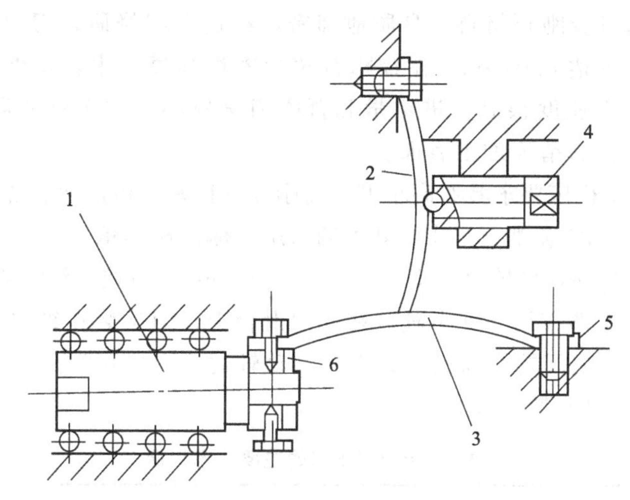

图 3-19 双 T 形弹性变形式微进给机构原理

1—微位移刀夹；2,3—T 形弹簧；4—驱动螺钉；5—固定端；6—动端

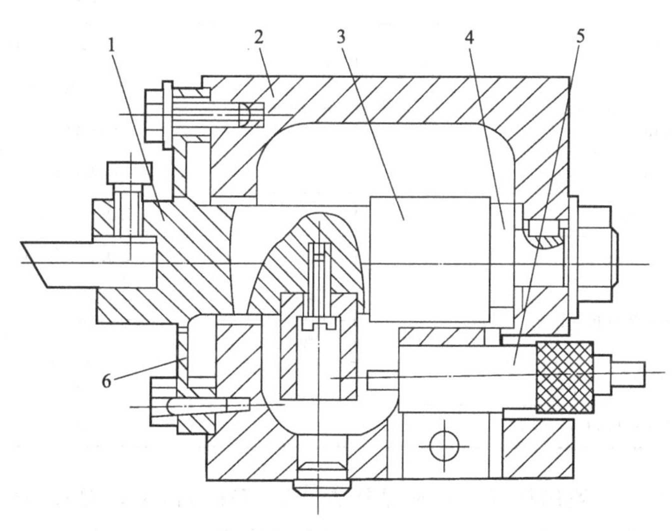

图 3-20 压电陶瓷式微量进给机构

1—刀夹；2—机座；3—压电陶瓷；4—后垫块；5—电感测头；6—弹性支承

3.3.4 金刚石超精密切削

金刚石超精密切削技术可以达到亚微米级以上的加工精度，不少尖端产品零件，如陀螺仪、反射镜、透镜、精密仪器仪表中的多种零件等，都需要利用金刚石超精密切削来加工。对于精密轴、孔的圆度和圆柱度、精密球体（如陀螺球、计量用标准球）的球度等，传统加工方法已难以达到要求的精度，可采用金刚石超精密切削，能够达到纳米级加工精度，经精细研磨达到极高刃口锋锐度的金刚石刀具可切除厚度仅为 1nm 的切屑。金刚石刀具的超精密切削机理与一般切削机理有很大的不同。普通的刀具材料在高温、高压下会快速磨损和软化，使切削无法继续进行，而且普通材料刀具的切削刃不容易磨得像金刚石刀具那么锐利，平刃性也很难保证。一般硬质合金刀具的刃口半径只能达到 18～24μm，高速钢刀具的刃口半径可达到 12～15μm，而金刚石刀具的刃口半径则可达

0.01～0.005μm。同时金刚石材料本身质地细密，经过仔细修研，刀刃的几何形状很好，其直线度误差极小，可达0.01μm。在金刚石超精密切削过程中，虽然刀刃处于高应力、高温环境，但由于加工速度很高，进给量和背吃刀量极小，故工件的温升并不高，塑性变形小，因此可以获得高精度加工表面。

金刚石超精密切削机床要求具有高精度、高刚度、良好的稳定性、抗振性等。例如美国Moore公司生产的M-18G金刚石车床，其主轴采用气体静压轴承，主轴转速达5000r/min，主轴径向跳动小于0.1μm，导轨直线度达0.05μm/100mm，数控系统分辨率达0.01μm。目前金刚石车床多采用T形布局，即主轴装在横向滑台上，刀架装在纵向滑台上，这种布局可解决两滑台的相互影响问题，而且纵、横两移动轴的垂直度可以通过装配调整保证。表3-4列举了金刚石车床的主要技术指标。

表3-4　金刚石车床的主要技术指标

项目		指标
最大车削直径和长度/mm		400×200
最高转速/(r/min)		3000、5000或7000
最大进给速度/(mm/min)		5000
数控系统分辨率/mm		0.0001或0.00005
重复精度/mm		≤0.0002/100
主轴径向圆跳动/mm		≤0.0001
主轴轴向圆跳动/mm		≤0.0001
滑台运动的直线度/mm		≤0.001/150
横滑台对主轴的垂直度/mm		≤0.002/100
主轴前静压轴承的刚度/(N/μm)	径向	1140
	轴向	1020
主轴后静压轴承的刚度/(N/μm)		640
纵横滑台的静压支承刚度/(N/μm)		720

金刚石刀具的刀头一般用机械夹持或粘接方式固定在刀体上，刀具的前角不宜太大，否则易产生崩裂，同时还要求刀具前、后面的表面粗糙度极小，且不能有崩口、裂纹等表面缺陷，因此，对金刚石刀具的刃磨质量要求非常高。由于金刚石硬度极高，且晶体各向异性，因此金刚石刀具的刃磨极为困难。选取金刚石刀具时应注意以下方面：①刀具采用品质优良的大颗粒单晶天然金刚石原料，表面光滑、透明，无缺陷、无杂质；②刃口半径值要极小，能实现超薄切削；④刀刃无缺陷，切削时能得到超光滑的镜面，刀刃表明粗糙度一般应小于*Ra*0.01，前后刀面的表面粗糙度则应更小。

3.3.5　精密与超精密磨削加工

精密和超精密磨削加工可分为砂轮磨削、砂带磨削、研磨、珩磨和抛光等加工方法。超精密磨削加工精度可达0.1μm，表面粗糙度可达*Ra*0.025μm。超精密磨削的砂轮多采用金刚石和立方氮化硼（CBN）材料，因其硬度极高，故一般称为超硬磨料砂轮（或超硬砂轮）。超硬砂轮具有耐磨性好，耐用度高，磨削能力强，磨削效率高的优点，故广泛用于加工各种高硬度、高脆性金属及非金属材料。超硬砂轮的修整与一般砂轮的修整有所不同，分整形和修锐两步进行，常用的方法是先用碳化硅砂轮（或金刚石笔）对超硬砂轮进行整形，再进行修锐，去除结合剂，露出磨粒。在磨削脆性材料时，由于材料本身的物理特性，切屑形成多为脆性断裂，磨削后的表面比较粗糙。在某些应用场合如光学元件，这样的粗糙表面必须进行抛光，它虽能改善工件的表面粗糙度，但由于很难控制形状精度，抛光后其形状精度经常会降低。为了解决这一矛盾，人们研究出了塑性磨削（Ductile Grinding）和镜面磨削（Mirror Grinding）技术。塑性磨削主要针对脆性材料，切屑通过剪切的形式被磨粒从基体上切除下来，所以这种磨削方式有时也称为剪切磨削（Shear Mode Grinding），磨削后的表面没有微裂纹形成，也没有脆性剥落后的无规则的凹凸不平，表面呈有规则的纹理。塑性磨削的机理至今不十分清楚，但部分研究表明：在特定条件下，当磨削厚度达到某特定的值时，切屑的形成由脆性断裂转为塑性断裂，即能够实现脆性材料的塑性磨削，这一磨削厚度被称为临界切削厚度，它与工件材料特性和磨粒的几何形状有关。一般来说临界磨削厚度在100μm以下，因而这种磨削方法也被称为纳米磨削（Nano Grinding）。对塑性磨削机理的另一种观点认为磨削厚度不是唯一的因素，只有磨削温度才是切屑由脆性向塑性转变的关键。从理论上讲，当磨粒与工件的接触点的温度高到一定程度时，工件材料的局部物理特性会发生变化，导致了切屑形成机理的变化。

当磨削后的工件表面反射光的能力达到一定程度时，该磨削过程被称为镜面磨削。为了能实现镜面磨削，日本东京大学理化研究所的Nakagawa和Ohmori教授发明了电解在线修整磨削法ELID（Electrolytic In-Process Dressing）。镜面磨削的基本出发点是：要达到镜面，必须采用尽可能小的磨粒粒度，达到2μm乃至0.2μm。在ELID发明之前，微粒度砂轮在工业上应用很少，原因是微粒度砂轮极易堵塞，砂轮必须经常进行修整，修整砂轮的辅助时间往往超过了磨削的工作时间。ELID技术解决了使用微粒度砂轮时修整与磨削在时间上的矛盾，从而为微粒度砂轮的工业应用创造了条件。ELID磨削技术的关键是采用与常规不同的砂轮，它的结合剂通常为青铜或铸铁。使用ELID磨削时的冷却润滑液为一种特殊的电解液，当电极与砂轮之间接上电压时，砂轮的结合剂发生氧化，在切削力作用下，氧化层脱落，从而露出锋利的磨粒。由于电解修整过程在磨削时连续进行，所以能保证砂轮在整个磨削过程中保持锋利状态，这样既可保证工件表面质量的一致性，又可节约以往修整砂轮时所需的辅助时间。满足了生产率要求。

ELID磨削技术的应用范围几乎可以覆盖所有的工件材料，它最适合于加工平面，磨削后的工件表面粗糙度可达*Ra*1nm的水平。采用ELID磨削时的生产效率远远超过常规的抛光加工，故在许多应用场合ELID取代了抛光工序，最典型的例子就是加工各种泵的陶瓷密封圈，传统的工艺是先磨削再抛光，而采用ELID磨削只需一道工序，既节约时间又节省投资。

3.4 超高速加工技术

3.4.1 超高速加工技术的内涵和特点

超高速加工是一个相对概念，不同的工件材料、不同的加工方式在不同的加工条件下有着不同的切削速度范围，因为很难给定一个确切的数值。德国Darmstadt工业大学给出了7种材料的超高速加工的速度范围，见表3-5。

表 3-5 常见材料超高速加工速度范围

加工材料	加工速度范围/(m/min)	加工材料	加工速度范围/(m/min)
铝合金	2000～7500	超耐热镍基合金	80～500
铜合金	900～5000	钛合金	150～1000
钢	600～3000	纤维增强塑料	2000～9000
铸铁	800～3000		

超高速加工的速度比常规加工速度几乎高出一个数量级，其优势主要表现在以下几个方面。

(1) 大幅度提高加工效率

试验表明，在磨削力不变的情况下，速度为 200m/s 的超高速磨削的金属切除率是速度为 80m/s 时的 150%，而速度为 340m/s 时金属切除率是速度为 180m/s 时的 2 倍。

(2) 工件加工精度高

高速切削时，切屑流出速度加快，切削变形较小，切削力比常规速度切削时降低30%～90%，刀具耐用度可提高 70%，这使工件在切削过程中的受力变形显著减小。同时高速切削使传入工件的切削热的比例大幅度减少，加工表面受热时间短、切削温度低，因此，热影响区和热影响程度都较小。有利于提高加工精度，有利于获得低损伤的表面结构状态和保持良好的表面物理性能及机械性能。故超高速加工特别适合于大型框架件、薄壁件、薄壁槽形件等刚性较差工件的高精度、高效加工。

而在磨削方面，随着砂轮速度的提高，单位时间内参与切削的磨粒数增加，每个磨粒切下的磨屑厚度变小，从而减小磨削过程中的变形，提高工件的加工精度；由于砂轮速度提高，磨粒两侧材料的隆起量明显降低，能显著降低磨削表面粗糙度数值。实验表明：在其他条件一定时，将磨削速度由 33m/s 提高至 200m/s，磨削表面的粗糙度值将由 2.0μm 降低至 1.1μm。

(3) 加工能耗低，节省制造资源

高速切削时，单位功率所切削的切削层材料体积显著增大。如洛克希德飞机公司的铝合金超高速切削，主轴转速从 4000r/min 提高到 20000r/min 时，切削力下降 30%，而材料切除率增加 3 倍。单位功率的材料切除率可达 130～160cm^3/(min·kW)，而普通铣削仅为 30cm^3/(min·kW)。由于切除率高，能耗低，提高了能源和设备的利用率，降低了切削加工在制造系统资源中的比例。

(4) 简化了工艺流程，降低生产成本

在某些应用场合，高速铣削的表面质量可与磨削加工媲美，高速铣削可作为最后一道精加工工序，节省了磨床的费用，而且可以在生产中提高铣床的使用率。当然，高速切削也存在一些缺点，如昂贵的刀具材料及机床（包括数控系统）、刀具平衡性能要求高以及主轴寿命低等。

3.4.2 超高速切削的关键技术

(1) 超高速切削刀具

超高速铣削产生的切削热和刀具磨损比普通切削要高得多，因此对刀具材料有更高的要求，主要有：①高硬度、高强度和耐磨性；②韧性高，抗冲击能力强；③高的热硬性和化学稳定性；④抗热冲击能力强等。目前已有不少新的刀具材料，但能同时满足上述要求的刀具材料还很难找到。因此，在具有比较好的抗冲击能力的刀具材料的基体上，再加上高热硬性和耐磨性层的刀具材料是刀具技术发展的重点。目前适合于超高速切削的刀具材料主要有以下几种。

① 涂层刀具：通过在刀具基体上涂覆金属化合物薄膜，以获得远高于基体的表面硬度和优良的切削性能。刀具基体材料主要有高速钢、硬质合金、金属陶瓷等。目前的涂层基本都是由几种涂层材料复合而成的复合涂层。硬涂层材料主要有 TiN、TiCN、TiAN、TiAlCN、Al_2O_3等。

② 金属陶瓷刀具：与硬质合金刀具相比陶瓷刀具可承受更高的切削速度，且陶瓷刀具与金属材料的亲和力小，热扩散磨损小，其高温硬度优于硬质合金，故耐磨损、耐高温。

③ 立方氮化硼（CBN）刀具：突出优点是热稳定性好（1400℃），化学惰性大，在1200～1300℃下也不与铁系材料发生化学反应。因此特别适合于高速精加工硬度 45～65HRC 的淬火钢、冷硬铸铁、高温合金等，实现“以切代磨”。

④ 聚晶金刚石（PCD）刀具：摩擦因数低，耐磨性极强，具有良好的导热性，适用于加工有色金属、非金属材料，特别适合于难加工材料及粘连性强的有色金属的高速切削，但价格较贵。

刀柄是超高速加工机床（加工中心）的另一个重要配套件，它的作用是提高刀具与机床主轴的连接刚性和装夹精度。高速切削时，为使刀具保持足够的夹持力，以避免离心力造成的刀具的损坏，对刀具的装夹装置也提出了相应的要求。在超高速切削条件下，刀具与机床的连接界面装夹结构要牢靠，工具系统应有足够的整体刚性。同时，装夹结构设计必须有利于迅速换刀，并有最广泛的互换性和较高的重复定位精度。目前超高速加工机床上普遍采用的是日本的 BIG-PLUS 刀柄系统和德国的 HSK 刀柄系统。图 3-21 所示是由日本昭和精机（BIG）开发的 BIG-PLUS 刀柄系统，采用 7∶24 锥度，其结构设计可减小刀柄装入主轴时（锁紧前）与端面的间隙，锁紧后可利用主轴内孔的弹性膨胀对该间隙进行补偿，使刀柄与主轴端面贴紧，下半部为普通 BT 刀柄。

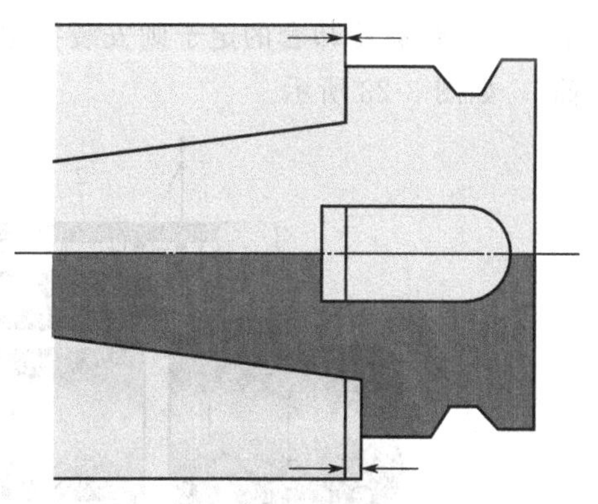
图 3-21　BIG-PLUS 刀柄系统

BIG-PLUS 刀柄系统具有以下优点：①增大了与主轴的接触面积，提高了系统的刚性，增强了对振动的衰减作用；②利用端面的矫正作用提高了 ATC（Automatic Tool Changing）的重复精度；③端面定位作用使系统轴向尺寸更为稳定。由于 BIG-PLUS 刀柄系统仍采用 7∶24 锥度，锁紧机构也无不同，因此它与一般非两面定位系统之间具有互换性，这也是 BIG-PLUS 刀柄系统得以迅速推广的一个重要原因。

HSK 刀柄系统是由德国亚琛工业大学联合机床厂家、刀具厂商和用户共同开发的，于1996 年列入德国工业标准 DIN 6983，2001 年列入国际标准 IS0 12164。HSK 是一个首字母缩略词，来自德文的空心、短和锥度 3 个词的第一个字母。HSK 刀柄结构如图 3-22 所示。

这种刀柄以锥度1∶10代替传统的7∶24，楔紧作用加强，用锥面再加上法兰端面的双面定位。转速高时，锥体向外扩张，增加了压紧力。刀柄为中空短柄，其工作原理是利用锁紧力及主轴内孔的弹性膨胀来补偿端面间隙。由于中空刀柄自身具有较大的弹性变形，因此刀柄的制造精度要求相对较为宽松。此外，由于HSK刀柄系统的重量轻、刚性高、转动扭矩大、重复精度好、连接锥面短，可以缩短换刀时间，因此适应主轴高速运转，有利于高速ATC及机床的小型化。

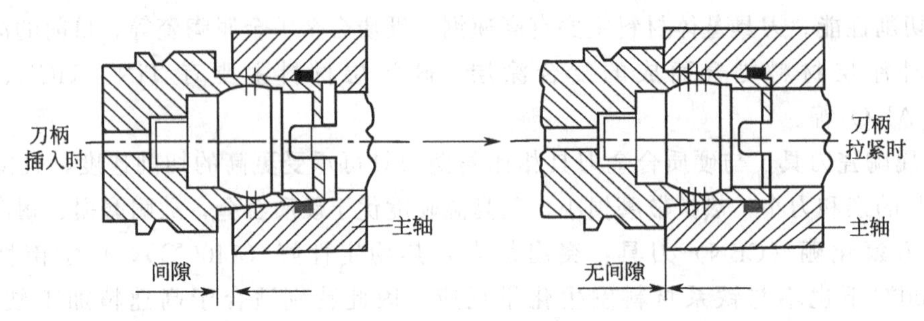

图3-22 HSK刀柄与主轴连接结构与工作原理图

(2) *超高速切削机床*

实现高速切削的关键因素之一是拥有性能优良的高速切削机床，自20世纪80年代中期以来，开发高速切削机床成为国际机床工业技术发展的主流。高速主轴是高速切削机床的关键零件之一。在超高速运转的条件下，传统的齿轮变速箱和皮带传动方式已不能适应要求，代之以宽调速交流变频电机来实现数控机床主轴的变速，从而使机床主传动的机械结构大为简化，形成一种新型的功能部件—主轴单元。在超高速数控机床中，几乎无一例外地采用了主轴电机与机床主轴合二为一的结构形式。即采用无外壳电机，将其空心转子直接套装在机床主轴上，带有冷却套的定子则安装在主轴单元的壳体内，形成内装式电机主轴，简称“电主轴”，如图3-23所示。

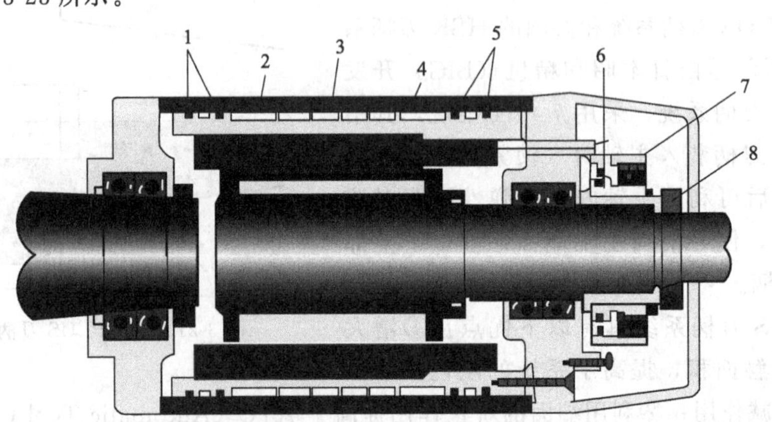

图3-23 超高速电主轴结构

1,2,5—密封圈；3—定子；4—转子；6—旋转变压器转子；7—旋转变压器定子；8—螺母

电机的转子就是机床的主轴，机床主轴单元的壳体就是电机座，从而实现了变频电机与机床主轴的一体化。由于它取消了从电机到机床主轴之间的一切中间传动环节，把主传动链的长度缩短为零。故称这种新型的驱动与传动方式为“零传动”。由于完全取消了机械传动机构，其转速可轻而易举地达到42000r/min，甚至更高。不仅如此，由于结构紧凑，消除

了传动误差，它还具有重量轻、惯性小、响应快、可避免振动与噪声的优点。

集成式电机主轴振动小，由于采用直接传动，减少了高精密齿轮等关键零件，消除了齿轮的传动误差。同时，集成式主轴也简化了机床设计中的一些关键性工作，如简化了机床外形设计，容易实现高速加工中快速换刀时的主轴定位等。由于主轴是与电机直接装在一起进行高速回转的，因此对主轴材料要求刚度高、热变形小、质量轻。

目前转速在10000～20000r/min的主轴越来越普及，转速高达100000r/min以上的高速主轴也正在研制开发中。高速主轴几乎全部是内装交流伺服电机直接驱动的集成化结构。由于转速极高，主轴零件在离心力作用下会产生振动和变形，电机产生的热及摩擦热会引起热变形，所以高速主轴必须满足高刚性、高回转精度、良好热稳定性、可靠的工具装卡、良好的冷却润滑等性能要求。

由于集成化主轴组件结构的传动部件减少，轴承成为决定主轴寿命和负荷能力的关键部件。为了适应高速切削加工，高速主轴越来越多地采用陶瓷轴承、磁悬浮轴承及空气轴承等。

陶瓷滚动轴承与传统的球轴承相比，采用陶瓷代替传统的钢滚珠。陶瓷的密度是轴承钢的40%，热膨胀系数是轴承钢的1/4，而弹性模量是轴承钢的1.5倍。它的密度小，在高速时产生的离心力小，回转平稳；弹性模量大，刚度高。此外，它还具有不导磁、不导电、耐高温、导热系数小等特点，所以它比一般的钢制轴承的转速可提高50%左右，温度可低35%～60%。寿命可提高3～6倍。尽管如此，陶瓷轴承一般只能用在准高速轴（25000～30000r/min）上，在超高速轴上使用还是较少的。

磁悬浮轴承的工作原理是利用电磁力将转子悬浮于空间的一种新型高性能、智能化轴承。由于轴承定子与转子之间间隔0.3～1mm，电磁轴承采用的是电磁力自反馈原理进行控制，其主轴回转精度可达到0.2μm，所以基本上做到了无机械磨损。转子的理论寿命无限长，结构简单并能达到很高的转速。德国的KAPP公司生产的磁悬浮轴承工作转速已达到40000～70000r/min，瑞典、日本、意大利的机床生产厂也将磁悬浮轴承用于高速磨床。但是在国内，由于磁悬浮主轴电气控制系统较复杂，整个轴承制造成本较高，初期投入成本高，所以在高速设备上的应用还较少。但是随着新磁性材料的出现及其他相关技术的发展，磁悬浮轴承在高速机床上的应用前景将越来越广泛。磁悬浮轴承高速主轴结构示意图如图3-24所示。

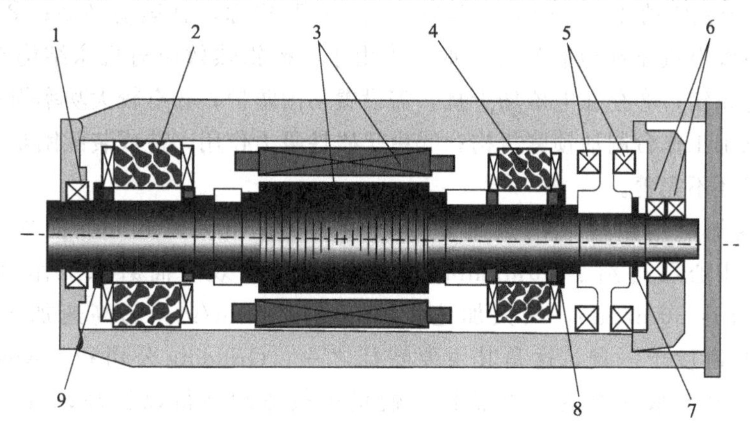

图3-24 磁悬浮轴承高速主轴结构示意图

1—前辅助轴承；2—前径向轴承；3—电主轴；4—后径向轴承；5—双面轴向推力轴承；6—后辅助轴承；7—轴向传感器；8—后径向传感器；9—前径向传感器

传统机床采用旋转电机带动滚珠丝杠的进给方案，由于其工作台的惯性以及受螺母丝杠本身结构的限制，进给速度和加速度一般比较小。目前，一般的快速进给速度很难超过60m/min，工作进给速度通常低于40m/min，最高加速度很难突破$1m/s^2$。要获得更高的进给加速度，只有采用直线电机直接驱动的形式，它可提供更高的进给速度和更好的加减速特性。图3-25给出了超高速加工机床直线电机系统的原理图。

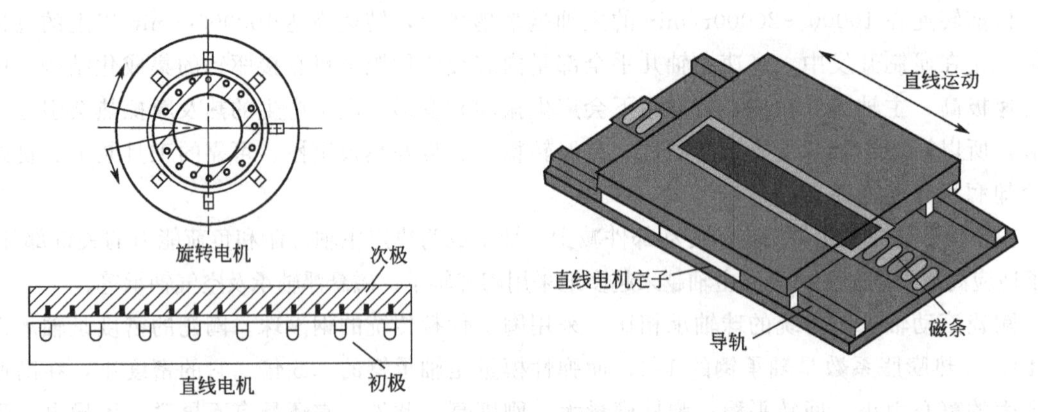

图3-25　超高速加工机床直线电机原理图

直线电机从原理上就是将普通的旋转电机沿过轴线的平面剖开，并展成一直线而成。由定子演变而来的一侧为直线电机的初极，由转子演变而来的一侧为直线电机的次极。当交流电通入绕组时，动子与工作台固连，定子安装在机床上。从而消除了一切中间传动环节，实现了直接驱动，直线驱动最高加速度可提高到$1m/s^2$以上，加速度的提高可大大提高盲孔加工、任意曲线曲面加工的生产率。目前，国内外机床专家和许多机床厂家普遍认为直线电机直接驱动是新一代机床的基本传动形式。直线电机直接驱动的优点是：①控制特性好、增益大、滞动小。在高速运动中保持较高的位移精度；②高运动速度。因为是直接驱动，最大进给速度可高达100～180m/min；③高加速度。由于结构简单、重量轻，可实现的最大加速度高达$2\sim10m/s^2$；④无限运动长度；⑤定位精度和跟踪精度高。以光栅尺为定位测量元件，采用闭环反馈控制系统，工作台的定位精度高达0.1～0.01μm；⑥起动推力大（可达12000N）；⑦由于无传动环节，因而无摩擦、无往返程空隙，且运动平稳；⑧有较大的静、动态平衡。但直线电机驱动也有缺点，如：①由于电磁铁热效应对机床结构有较大的热影响，需附设冷却系统；②存在电磁场干扰，需设置切削防护；③有较大功率损失；④缺少力转换环节，需增加工作台制动锁紧机构；⑤由于磁性吸力作用，造成装配困难；⑥系统价格较高，应用技术还不完善。

目前超高速加工进给单元的进给速度已由过去的8～12m/min提高到30～50m/min，某些加工中心已达到了60m/min。日本研制的高效平面磨床工作台采用直线电机，最高速度可达60m/min，最大加速度可以达到$10m/s^2$。超高速加工机床集高速度、高精度、高刚度于一身，这是其主要特征之一。Gridding公司和Lewis公司在高速加工中心上将立柱与底座合为一个整体，使机床整体刚性得以提高；机床的床身一般采用整体铸造结构。

目前，关于铝合金的高速切削机理研究已取得了较为成熟的结果，并已用于指导铝合金高速切削。而关于黑色金属及难加工材料的高速切削加工机理尚在探索阶段，其高速切削工艺规范还很不完善，是目前高速切削生产中的难点，也是切削加工领域研究的焦点。

3.4.3 超高速磨削

超高速磨削是近年来发展起来的一项先进制造技术，被誉为“现代磨削技术的最高峰”。国际生产工程学会（CIPP）将超高速磨削技术定为面向21世纪的中心研究方向之一。图3-26给出了超高速磨削所需的各项相关技术。

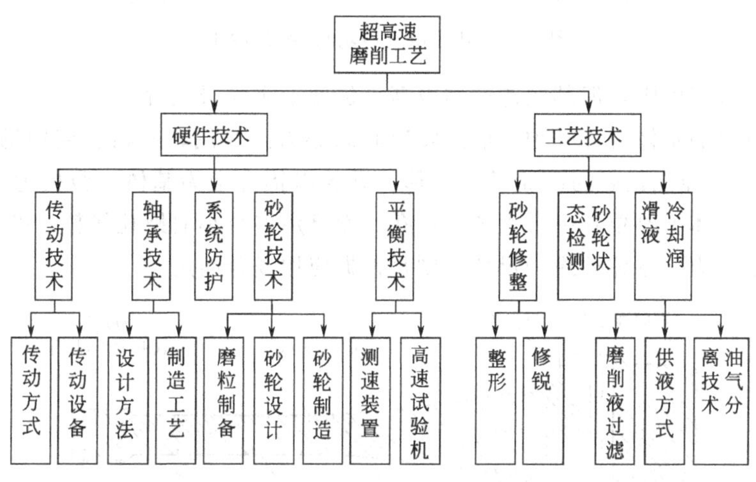

图3-26 超高速磨削相关技术

超高速磨削砂轮应具有良好的耐磨性、高动态平衡精度和机械强度、高刚度和良好的导热性等。超高速磨削砂轮可以使用Al_2O_3、SiC、CBN和金刚石磨料。从发展趋势看，CBN和金刚石砂轮在超高速磨削中所占的比重越来越大。超高速磨削砂轮的结合剂可以是树脂、陶瓷和金属。

20世纪90年代，采用陶瓷或树脂结合剂的Al_2O_3、SiC、CBN磨料砂轮，工作速度可达125m/s，CBN或金刚石砂轮的工作速度可达150m/s，而单层电镀CBN砂轮的速度可达250m/s，甚至更高。由于减少了磨料层厚度并改善了相应的制造工艺，目前日本的陶瓷结合剂砂轮已能在300m/s的线速度下安全回转。德国亚琛工业大学在其砂轮的铝基盘上使用熔射技术实现了磨料层与基体的可靠粘结。日本一些公司使用了碳纤维加强塑料基体，但成本很高。大阪金刚石工业公司的HIV型超高速砂轮采用CFRP-M复合基体，在不影响基体回转强度的情况下可提高砂轮安装部位的耐磨性并降低砂轮成本。

为了充分发挥单层超硬磨料砂轮的优势，国外在20世纪80年代中后期开始以高温钎焊替代电镀，并开发了一种具有更新换代意义的新型砂轮—单层高温钎焊超硬磨料砂轮。由于钎焊砂轮结合强度高，其砂轮寿命很高，极高的结合强度也意味着砂轮工作线速度可达到300～500m/s以上。又由于砂轮锋利、容屑空间大、不易堵塞，因此在与电镀砂轮相同的加工条件下，可降低磨削力、功率消耗，磨削温度也会更低，甚至可接近冷态切削。美国Norton公司利用铜焊技术研制出的金属单层砂轮，是将单层CBN磨粒直接用铜焊在金属基体上，由于铜是一种活性金属，从而能与磨粒和基体产生强大的化学粘接力。图3-27是普通电镀砂轮和MSL砂轮的对比。MSL砂轮的磨粒突出比已达到70%～80%，容屑空间大大增加，结合剂抗拉强度超过了1553N/mm^2，在相同磨削条件下可使磨削力降低50%，进

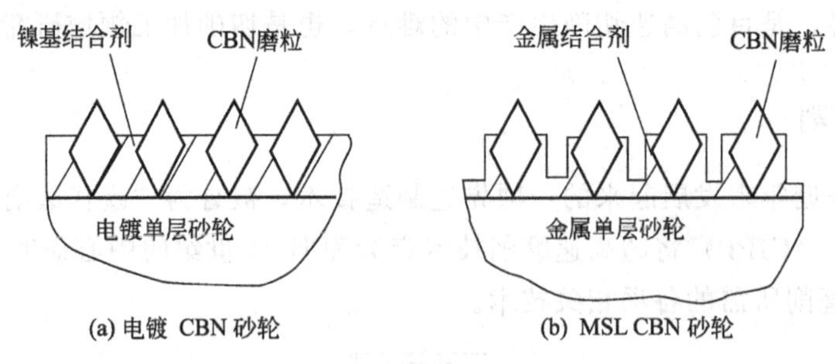

图 3-27　普通电镀砂轮与 MSL 砂轮

一步提高了磨削效率极限，但其制造成本极高，仍处于实验研究阶段。

高速磨削砂轮的基体设计必须考虑高转速时离心力的作用，并根据应用场合进行优化。图 3-28 所示为一个经优化后的砂轮基体外形。砂轮以铝合金为基体，腹板为一个变截面等力矩体，优化的基体不是单独一个大的法兰孔，而是用多个小的螺孔代替，以充分降低基体在法兰孔附近的应力。基体外缘的尺寸，则是根据应用场合而定。

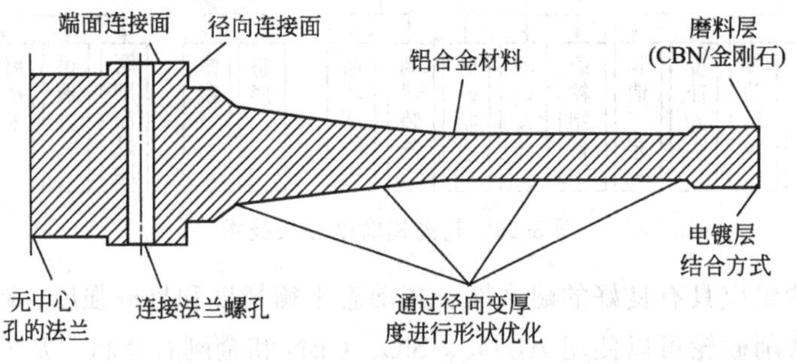

图 3-28　高速砂轮的结构和形状优化

超高速磨削时对砂轮主轴的基本要求与高速切削时相似，不同之处在于直径一般大于铣刀的直径。由于制造和调整装夹等误差，更换砂轮或者修整砂轮后甚至在停车后重新启动时，砂轮主轴必须进行动态平衡校验。所以高速磨削主轴必须有动平衡自动调整系统，以便能把由动不平衡引起的振动降低到最小程度、保证获得较低的工件表面粗糙度。

目前市场上有许多不同的动平衡系统产品，图 3-29 所示为机电动平衡系统，它由两块内装电子驱动元件并可在轴上做相对转动的平衡重块 3、紧固法兰 2 和信号无线传输单元组成。整个平衡系统构成一个完整的部件，装在磨床主轴 4 上。进行动平衡校验时，主轴的动不平衡振幅值由振动传感器测出，动不平衡的相位则通过装在转子内的电子元件来测得。相应的电子控制信号驱动两平衡块做相对转动，从而达到平衡的目的。这种平衡装置的精度很高，平衡后的主轴残余振动幅值可控制在 0.1～1μm。该系统的平衡块在断电时仍保持在原位置上不动，所以停机后重新启动时主轴的平衡状态不会发生变化。

高精密轴承是超高速主轴系统的核心部件，目前国内外大多数高速磨床采用的都是滚动轴承。为提高其极限转速，主要采用如下措施：第一，提高制造精度等级，但这样会使轴承价格成倍增长；第二，合理选择材料，如选用陶瓷球和钢制轴承内外圈的混合球轴承，若润滑良好，可使其寿命提高 3～6 倍，极限转速增加 60%，而温升降低 35%～60%，其 DN 值可达 300 万；第三，改进轴承结构，如德国 Kapp 公司采用的磁悬浮轴承砂轮主轴，转速可达 60000r/min。在提高磨削生产率方面最典型的应用是高效深磨技术。高效深磨技术是近

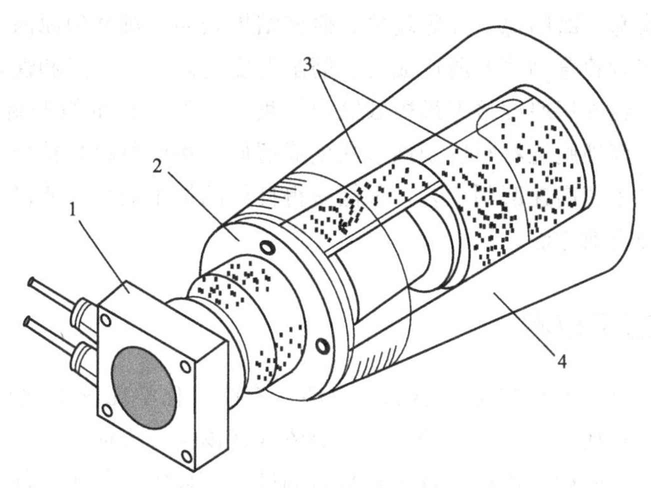

图 3-29 机电动平衡系统

1—信号无线输送单元；2—紧固法兰；3—平衡重块；4—磨床主轴

几年发展起来的一种高效磨削技术。高效深磨与普通磨削不同，可以通过一个磨削行程完成过去由车、铣、磨等多个工序组成的粗、精加工过程，获得远高于普通磨削加工的金属磨除率，表面质量也可达到普通磨削的水平。高效深磨的磨削速度范围一般在 60～250m/s 之间。采用陶瓷结合剂砂轮，以 120m/s 的磨削速度，磨除率可达 $1000mm^3/(mm \cdot s)$，效率比普通磨削要高 100～1000 倍，比车削和铣削高 5～20 倍。如果采用 CBN 砂轮以 120m/s 的磨削速度磨削，则可获得更高的磨除率。英国采用盘形 CBN 砂轮对低合金钢 51CrV4 进行了 146m/s 的高效深磨试验研究，材料磨除率超过 $400mm^3/(mm \cdot s)$。高效成形磨削作为高效深磨的一种，也得到了广泛的应用，一次可磨出齿轮槽、扳手槽、蜗杆螺旋槽等。日本的丰田工机、三菱重工等公司均能生产 CBN 超高速磨床，三菱重工生产的 CA32-U50A 型 CNC 超高速磨床，使用陶瓷结合剂砂轮，美国 Edgetrk Machine 公司也生产高效深磨机床，该公司主要发展小型 3 轴、4 轴和 5 轴 CNC 高效深磨机床，采用 CBN 成形砂轮，可实现对淬硬钢的高效深磨，表面质量可与普通磨床媲美。

试验表明，提高砂轮速度可减小工件表面残留凸峰及塑性变形的程度，从而有助于提高磨削表面粗糙度。超高速精密磨削在日本应用最为广泛，可以说日本研究和使用超高速的目的不是为了提高磨削效率，而是为追求磨削精度和表面质量。日本的丰田工机在 GZ0 型 CNC 超高速外圆磨床上装备了其最新研制的 Toyota State Bearing 轴承，采用线速度200m/s的薄片 CBN 砂轮对回转体零件沿其形状进行一次性纵磨来完成整个工件的柔性加工。

超高速精密磨削是采用超高速精密磨床，并通过精密修整微细磨料磨具，通过在亚微米级以下的切深和洁净的加工环境下加工来获得亚微米级以下的尺寸精度，使用微细磨料磨具是精密磨削的主要形式。用于超精密镜面磨削的树脂结合剂砂轮的金刚石磨粒的平均粒径可小至 4μm。采用单晶金刚石砂轮进行在同一个装置上磨削和光整加工，可使硅片表面粗糙度 $Ra<1nm$。超精密研磨通常选用粒度只有几纳米的研磨微粉，以达到极高的表面质量。

难磨材料的磨削特性是导热系数低，高温强度高、硬度高，韧性大、切屑易粘附，加工硬化趋势强，在磨削时容易出现表面烧伤、裂纹、振痕、变形以及磨粒切削刃严重粘附，砂轮迅速钝化并急剧堵塞，磨削比下降等现象。研究结果表明，难磨的原因是工件材料本身的化学亲和性强，致使砂轮急剧堵塞所造成的。磨削温度越高，化学亲和性越强。而超高速磨削的磨屑厚度极小，当磨屑厚度接近最极限磨屑厚度时，磨削区的被磨材料处于流动状态，所以可使陶瓷、玻璃等硬脆性材料以塑性形式生成磨屑。难磨材料如钛合金、高温合金和淬硬钢、高强合金等采用超高速磨削工艺，都能获得良好的加工效果，所以超高速磨削是解决难磨材料加工的一种有效方法。

3.5 现代特种加工技术

特种加工技术是直接利用电能、热能、声能、光能、化学能等实现材料去除的加工方法。与传统机械加工相比，特种加工的特点主要体现在以下几方面。

(1) 被加工材料不受硬度限制，且工具材料的硬度可以大大低于工件材料的硬度。因工具与工件不直接接触，加工时无明显的机械作用力，再加上特种加工技术的瞬时能量密度高，可直接有效地利用各种能量，或以瞬时局部熔化，或以强力高速爆炸、冲击等去除局部材料。其加工性能与工件材料的强度和硬度无关，故可以加工各种超硬超强材料、高脆性和热敏材料以及特殊的金属和非金属材料。

(2) 用简单运动可加工出复杂型面。许多特种加工技术只需简单运动即可加工出三维复杂型面，如电火花线切割加工技术可加工多种复杂型面。

(3) 可以获得良好的表面质量。特种加工过程中，不产生明显的机械力，工具表面不产生强烈的弹塑性变形，故有些特种加工方法可以获得良好的表面质量和表面粗糙度，热应力、残余应力、冷作硬化、热影响区及毛刺等表面缺陷均比机械加工小。

(4) 改变了传统的工艺观念（如加工件淬硬后只能磨削），对结构工艺性重新评价，拓宽了传统的机械加工方法的工艺思路。

(5) 各种特种加工方法可以任意复合，形成扬长避短的新型复合加工方法，从而扩大其应用范围。

下面主要对电火花加工、电解加工、高能束加工、超声波加工等几种典型特种加工技术的工艺原理、加工装置、工艺特点做简要概述。

3.5.1 电火花加工

电火花加工又称放电加工、电蚀加工，按照工具电极的形式，它分为使用模具电极的电火花成型加工和使用电极丝的电火花线切割加工。

电火花成形加工是利用浸在工作液中的工具电极和工件之间脉冲放电产生的电蚀作用蚀除导电材料的特种加工方法。其加工原理如图 3-30 所示。

电火花加工时，其加工过程是在液体介质中进行的，即把作为加工工具的电极和被加工工件同时放入绝缘液体（常用的有煤油、去离子水、乳化液等）中，机床的自动调节装置使工件和工具电极之间保持适当的放电间隙（加工时，工具和工件之间产生火花放电的一层距离间隙，一般在 0.5～0.01mm 之间）。当两者之间施加一定的脉冲电压（达到间隙中介质的击穿电压）时，绝缘介质的强度最低处或工件与电极的间隙最小处将会被击穿。由于放电区域很小，放电时间很短，所以能量高度集中，使放电区域的温度瞬时高达几千甚至上万

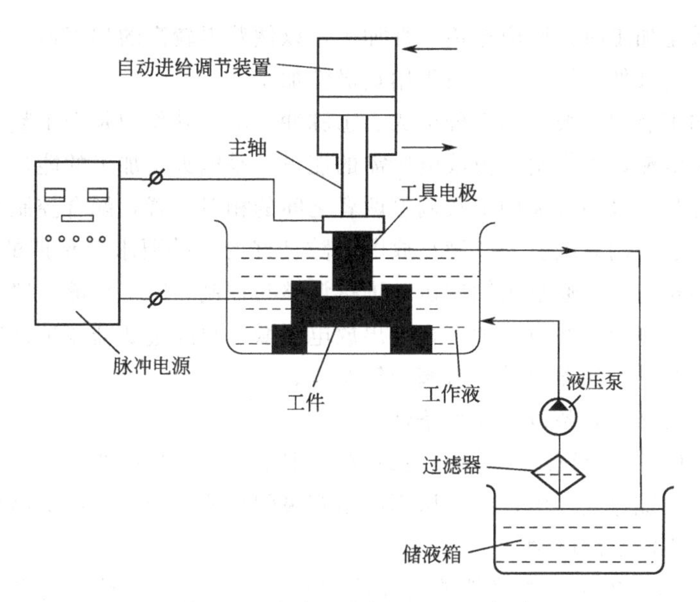

图 3-30 电火花的加工原理示意图

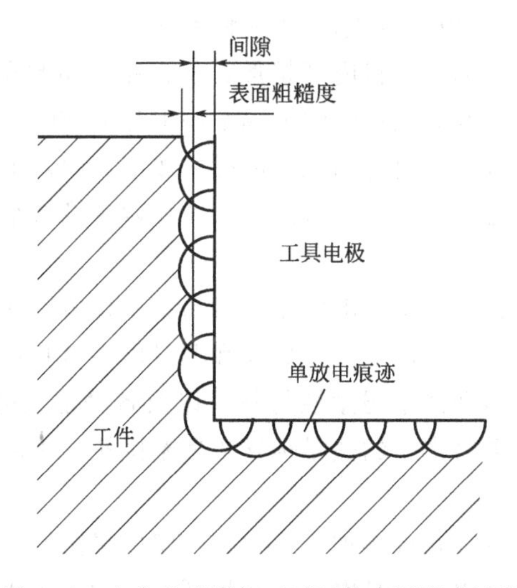

图 3-31 电火花成形加工时工件表面形成过程

度，工件表面和工具电极表面的金属局部被熔化，甚至气化蒸发。由于熔化和气化的速度很快，故带有一定的爆炸性质。熔化的金属在爆炸力的作用下被抛入工作液中冷却，并被工作液迅速冲离工作区，从而在电极和工件上形成一个凹坑，如图 3-31 所示。经过一定的时间间隔，第二个脉冲电压又加到两极上，又会在两极间距离最近或绝缘强度最低处击穿放电，产生电蚀。这样以很高的频率连续不断放电，工具电极不断地向工件进给，便在工件上复制出工具电极的形状，从而达到成形加工的目的。

在加工过程中，工具电极同样会被蚀除，但它和工件的蚀除量不一样。因此，在加工过程中要根据具体条件合理选择极性，即利用极性效应将工件接在蚀除量较大的一极，而工具电极接在蚀除量较小的一极。工件与脉冲电源正极相接的加工方法为“正极性”加工，反之则为“负极性”加工。一般情况下，当采用高频脉冲电源做精加工时，应选用正极性加工；

脉冲电源为低频做粗加工时，则应选负极性加工，以便获得较高的加工速度和较低的电极损耗；当用钢作工具电极加工钢时，一般采用负极性加工。

电火花成形加工装置一般由四部分组成。①脉冲电源。其作用是把工频交流电转换成一定频率的单向脉冲电流，以供给电极放电所需的能量，是电火花加工的能量供给装置。②机床主体。实现工件与电极的装夹固定及调整两者之间的相对位置，配合控制系统，实现预设加工的机械系统。③控制系统。为了满足放电间隙良好的保持要求及预期的形状加工要求，对电极与工件间的相对位置通过主轴的运动进行调整与控制。④工作液装置。用于向放电区域不断提供干净的工作液，并将电蚀产物带出放电区域，再经过滤器滤掉这些废料颗粒，一般由储液箱、液压泵、过滤器以及管道阀门等组成。

实现电火花加工必须具备以下几个条件。

① 工具电极和工件之间必须维持合理的放电间隙，该间隙视加工条件而定，通常为几微米至几百微米。间隙过大，电极间电压不能击穿极间介质，间隙过小则易形成短路，都不能产生火花放电，不能实现电蚀加工。

② 火花放电必须在有一定绝缘性能的介质中进行。在进行材料电火花尺寸加工时，两极间为液体介质；在进行材料电火花表面强化时，两极间为气体介质。

③ 必须是短时间的脉冲放电，放电时间一般持续为 $10^{-7}\sim10^{-3}$s。由于放电时间短，放电时产生的热能来不及在被加工材料内部扩散，从而把能量局限在很小的范围内。另外，脉冲放电需重复进行，并且多次放电在时间上和空间上是分散的，即时间上相邻的两个脉冲不在同一个点上形成通道，且在一定时间范围内脉冲放电集中发生在某一区域，而在另一段时间内，脉冲放电应转移到另一区域。只有这样，才能避免像持续电弧放电那样，使表面烧伤而达不到加工的目的。

电火花成形加工的特点如下：工具电极制造容易，不仅可以加工各种不同力学性能的导电材料，而且在一定的条件下还可以加工半导体和非导电性材料；由于电火花加工时无显著切削力，因此适合于脆性材料和薄壁弱刚性材料，以及各种复杂的型孔、曲线孔、型腔等；由于放电时间持续极短，放电时产生的热量传导扩散范围小，因此整个工件在加工过程中几乎不受热的作用。

除具有上述优点之外，电火花成形加工还存在一定的局限性，主要是加工速度慢而且加工速度和表面质量之间矛盾突出，工具电极存在损耗，从而影响成形精度；最小圆角半径受到限制，难以实现清角加工等。

电火花成形加工的应用范围较广，可解决难加工材料以及复杂形状零件的加工难题，譬如加工各种型孔、曲线孔、小孔、微孔、型腔、叶轮、叶片、齿轮、内外螺纹，金属表面强化，仿形刻字等。

3.5.2 电火花线切割加工

电火花线切割加工是在电火花加工基础上发展起来的一种新的加工工艺，是用线状电极（钼丝或铜丝）进行火花放电对工件进行切割，故称电火花线切割，简称线切割。电火花线切割加工原理如图 3-32 所示，它是利用一个作正反向交替运动的钼丝或铜丝作工具电极，电极丝的正反向运动由储丝筒控制，在工件和电极丝之间通以脉冲电流并浇注工作液介质，线状电极一边卷绕一边与工件之间发生火花放电，工作台在 x、y 两个方向各自按预定的控

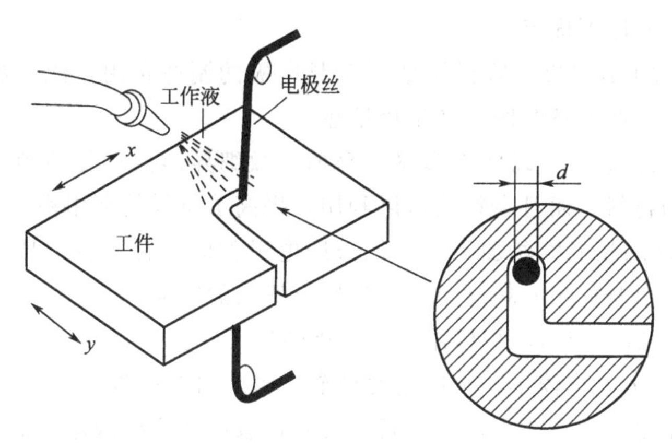

图 3-32 电火花线切割的加工原理

制程序，根据火花间隙状态作伺服进给移动，从而形成各种不同形状的二维曲线轮廓，把工件切割成形。

根据电极丝的运行速度，电火花线切割机床一般分为两类：即快走丝电火花线切割机床和慢走丝线切割机床。快走丝机床（见图 3-33）的电极丝作高速往复运动，走丝速度一般为 8～10m/s，慢走丝电火花线切割机床（见图 3-34）的电极丝作低速单向运动，走丝速度一般低于 0.2m/s。

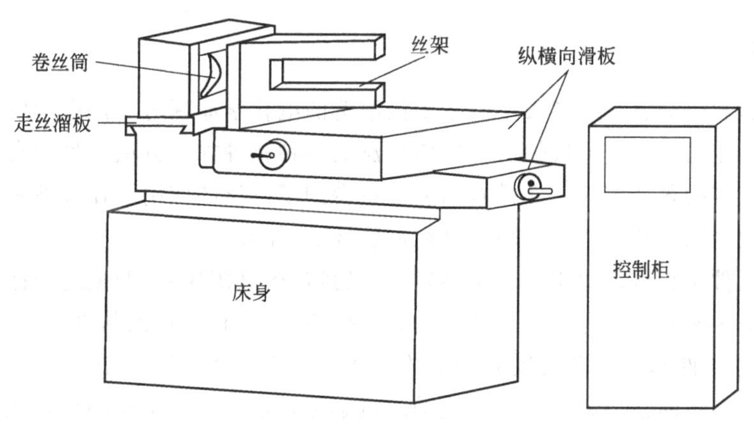

图 3-33 快走丝线切割机床

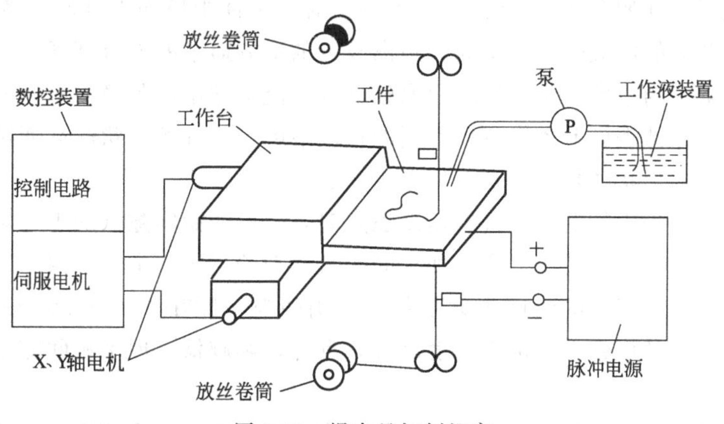

图 3-34 慢走丝切割机床

电火花线切割具有以下优点。

① 用细金属丝做工具电极，降低了成形工具电极的制造费用，依靠数控技术实现复杂的切割轨迹．缩短了生产准备时间，加工周期短。

② 由于电极丝比较细，可以加工窄缝、窄槽、微细异形孔和复杂形状的工件，用它加工贵重金属可以节约材料，而且余料还可以利用，提高了材料的利用率。

③ 由于采用移动的长电极丝加工，单位长度电极丝的损耗较少，从而对加工精度的影响比较小。但电极丝自身的尺寸精度对加工精度有直接的影响。

④ 切割时几乎没有切削力，可以用来加工极薄的工件。

⑤ 脉冲电源的加工电流较小，脉冲宽度较窄，属精加工范畴。

线切割加工的不足之处在于不能加工盲孔类零件表面和阶梯成形表面。

线切割加工主要应用于以下几个方面。

① 适合于加工各种形状的模具，如挤压模、粉末冶金模、弯曲模、塑压模等。

② 适合于铜钨、银钨合金之类的材料，同时也适用于加工微细复杂的电极。

③ 可用于新产品的试制以及薄片零件的加工。在试制新产品时，用线切割可以在板材上直接加工出零件，不需另行制造模具，大大缩短制造周期，降低生产成本。加工薄片类零件时还可以多个叠加在一起进行加工，提高生产率。

④ 可用于加工各种型孔、凸轮、样板以及成形刀具等，同时还可进行微细加工等。

3.5.3 电解加工

电解加工是利用金属在电解液中产生阳极溶解的电化学原理对工件进行成形加工的一种方法，是继电火花加工后发展较快、应用较广泛的一种特种加工方法。目前在国内外已成功地应用于国防工业的各个部门，在模具制造中也得到了广泛的应用。在机械制造业中，它已成为一种不可缺少的工艺方法。其加工过程如图 3-35 所示。

加工时，工件接直流电源正极（阳极），工具接负极（阴极），两极之间保持狭小的间隙（一般为 0.1～0.8mm），具有一定压力（0.5～2.5MPa）的电解液从两极间隙中高速流过（5～60m/s）。在工件和工具之间施加一定的电压，且工具阴极不断地向工件匀速进给，工件表面的金属就会不断地溶解并被高速流动的电解液带走。于是工具的形状就相应地复制在工件上，从而达到成形加工的目的。

电解加工成形原理如图 3-36 所示。加工开始时，工件阳极和工具阴极的形状不等，在同样的电压下，各点的电流密度就不同。距离较近的地方通过的电流密度大，电解液的流速也比较高，阳极溶解的速度较快；反之距离较远处电流密度小，阳极溶解速度较慢。当工具电极不断进给时，工件表面上各点就以不同的速度溶解，工件的形状就逐渐接近工具阴极的形状，直至把工具的形状“复印”在工件上为止。

在加工过程中，当工作电压和进给速度恒定时，不论初始间隙（加工开始时的间隙）有多大，随着工具阴极的不断进给，底面加工间隙将逐渐趋近于一个平衡值，即平衡间隙。初始间隙越大，达到平衡间隙的时间也就越长。平衡间隙一般在 0.1～0.5mm 之间。平衡间隙与加工精度有关，其值越小，加工精度越高，反之，则越低。但平衡间隙不能过小，否则会发生短路。

电解液在电解加工中作为导电介质，其作用有两个方面，一是传递电流并在电场作用下

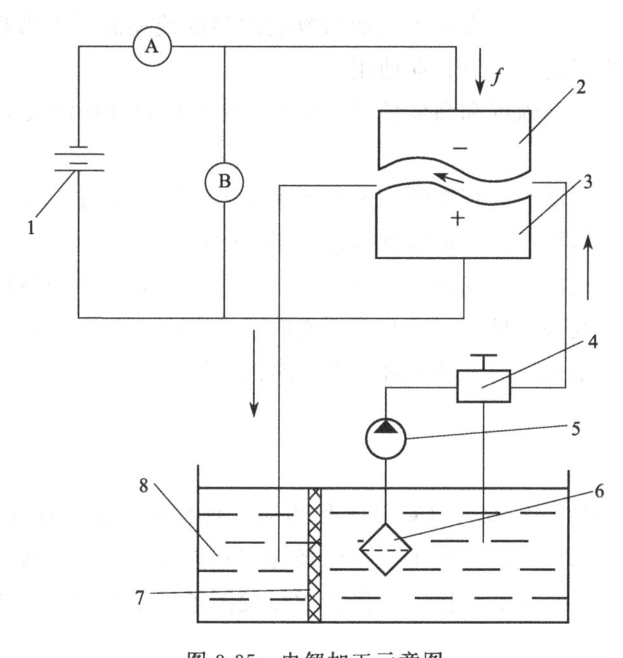

图 3-35 电解加工示意图

1—直流电源；2—工具阴极；3—工件阳极；4—调压阀；5—电解液泵；
6—过滤器；7—电解液；8—过滤网

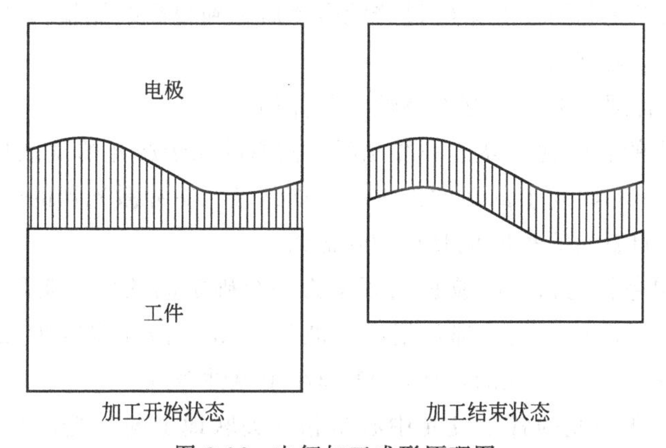

图 3-36 电解加工成形原理图

进行化学反应，使阳极溶解，二是能及时地把加工间隙内产生的电解产物及热量带走，起到排屑和冷却的作用。因此，电解液对电解加工的各项工艺指标有着很大的影响，在选择电解液时应该考虑以下要求：①能使工件材料高速均匀溶解，尽量避免形成难溶的钝化膜；②为保持工具阴极型面的正确形状，电解液中的金属阳离子不得在工具阴极的表面沉积；③应具有较高的电导率和比热容，较低的黏度，以减少由于电解液的电阻所造成的电能损耗及发热量，并使加工间隙中的电解液具有足够的流速；④应安全、无毒、腐蚀性小、成分稳定且易于维护、成本低等。

电解加工具有以下优点。

(1) 电解加工采用的是低电压（6～24V）、大电流（500～20000A），且生产效率高，约为电火花加工的5～10倍。

(2) 能以简单的进给运动一次加工出形状复杂的型面或型腔（如锻模、叶片等），且工具阴极在加工过程中无损耗，可以长期使用。

(3) 可加工高硬度、高强度和高韧性等难切削的金属材料（如淬火钢、高温合金、钛合金等）。

(4) 加工中无机械切削力或切削热，不会产生变形、残余应力、加工硬化以及金相组织的变化等，因此也比较适用于易变形零件和薄壁零件的加工。

电解加工也存在一些缺点和局限性，主要是加工精度不高（平均精度为±0.1mm），难以加工很细的窄缝、小孔等工件，对于复杂型面的工具电极，设计制造都比较麻烦，且附属设备较多，造价昂贵；电解液对设备和环境都有腐蚀作用。

3.5.4 高能束加工

高能束加工是利用高能束流与材料发生作用而实现材料去除、连接、生长和改性的技术。经过多年的发展，目前高能束加工技术已经应用到焊接、表面工程和快速制造等方面，在航空航天、船舶、兵器、交通、医疗等诸多领域发挥了重要作用。高能束主要有激光束、电子束、离子束等。

3.5.4.1 激光加工

激光技术是20世纪60年代出现的一门新技术，它的诞生标志着人类在科学技术上的又一重大突破。激光加工是利用激光束经过透镜聚焦后达到很高的能量密度，依靠光热效应来加工各种材料的一种工艺方法。

激光具有不同于普通光的一些基本特性，具体如下。

① 亮度高。激光的亮度远远高于一般光源，其原因在于激光的发散角很小，频带很窄，能够实现光能在空间上和时间上的高度集中。例如红宝石脉冲激光器的亮度比高压脉冲氙气灯高370亿倍，比太阳表面的亮度也要高200亿倍。

② 单色性好。单色性是指光的波长或频率为一个确定的数值。实际上严格的单色光并不存在，所谓波长为λ_0的单色光，都是指中心波长为λ_0，谱线宽度为$\Delta\lambda$的一个光谱范围内的光。$\Delta\lambda$可以用来衡量单色性的好坏，$\Delta\lambda$越小单色性越好。

③ 方向性好。由于激光的各个发光中心是相互关联地定向发光，其发散角很小，一般约为几个毫弧度，因此激光的方向性好，可以经过透镜聚焦成很小的斑点（直径可小于10μm），聚焦后在焦点附近的温度可高达数万度。

④ 相干性好。激光具有良好的相干性。光的相干性与光的单色性有密切的关系，即光的相干性越好，其单色性也就越好。

图3-37为红宝石激光器结构及其加工原理，激光器一般有三个基本组成部分：工作物质、谐振腔和激励能源。工作物质是能实现粒子数反转的物质。在红宝石激光器中，其工作物质是一根红宝石晶体棒，棒的两端严格平行且垂直于棒轴。谐振腔的主要作用是使工作物质所产生的受激发射建立起稳定的振荡状态，从而实现光放大。它由两块反射镜（一块为全反射镜，另一块为部分反射镜）组成，各置于工作物质的一端，并与工作物质轴线垂直。激励能源的作用是使工作物质中多余的一半原子从低能级激发到高能级上，实现工作物质粒子数反转。红宝石激光器以脉冲氙灯、电源及聚光器为激励电源，聚光器是椭圆形的，其内表

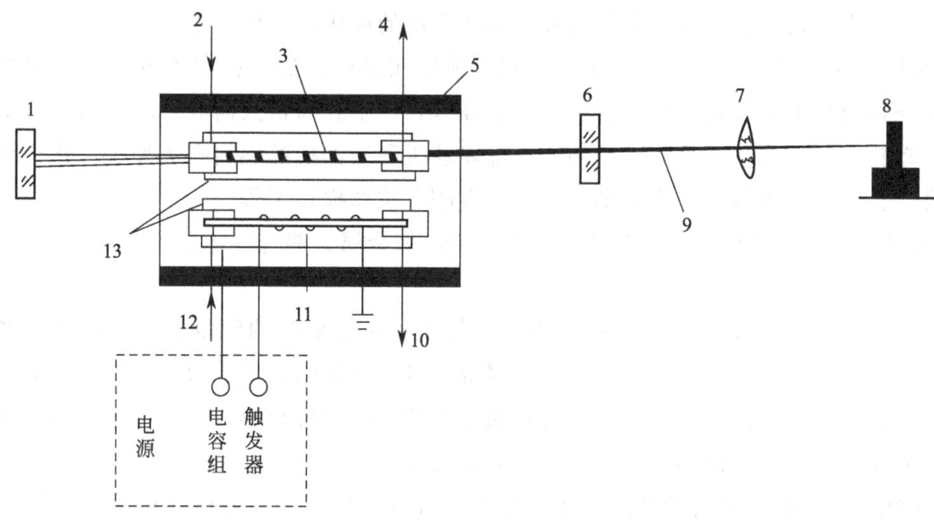

图 3-37 红宝石激光器结构及加工原理示意图

1—全反射镜；2、4、10、12—冷却水；3—工作物质；5—聚光器；6—部分反射镜；
7—透镜；8—工件；9—激光束；11—光泵；13—玻璃管

面具有很高的反射率，脉冲氙灯和红宝石晶体棒处于它的两条焦线上。

激光物质受到光泵（即激励脉冲氙灯）的激发后吸收特定波长的光，在一定条件下可形成工作物质中亚稳态粒子数大于低能级粒子数的状态，这种现象即为粒子数反转。此时一旦有少量激发粒子产生受激辐射跃迁，即可造成光放大，并通过谐振腔中的两块反射镜的反馈作用产生振荡，由谐振腔一端输出激光，并通过透镜将激光束聚焦到工件的被加工表面上。能量极高的光能被加工表面吸收并转换成热能，使照射斑点的局部区域迅速熔化甚至蒸发，并形成小凹坑，同时开始热扩散，使斑点周围的金属熔化。随着激光能量的继续吸收，凹坑中金属蒸气迅速膨胀，压力突然增加，熔融物被爆炸性地高速喷射出来，其喷射所产生的反冲击力又在工件内部形成一个方向性很强的冲击波。这样在高温熔融和冲击波的作用下，工件材料被蚀除，从而达到加工的目的。

激光加工的特点主要表现在以下几个方面。

① 对材料的适应性强。由于激光的功率密度高，几乎可以加工任何金属材料和非金属材料，如高熔点材料、耐热合金以及陶瓷、石英、玻璃、金刚石及半导体等。如果是透明材料，需采取一些色化和打毛措施方可加工。

② 激光加工是非接触加工，加工速度快，热影响区小，工件不受力，不产生变形，且加工部位周围的材料几乎不受热的影响，故工件热变形小，因此对于刚性很差的工件，能实现高精度加工。

③ 由于激光光点的直径可达1μm以下，故能进行非常微细的加工。如加工深而小的微孔和窄缝（直径可小至几微米，深度与直径之比可达50～100以上)。

④ 加工时可通过空气、惰性气体或光学透明介质对工件进行加工，且通用性好，同一台激光加工装置可作多种加工，如打孔、切割、焊接等。

另外，激光加工在节能、环保等方面也有很大的优越性，能源消耗少，没有污染，且工件的搬运比较方便。

由于激光加工具有以上这些优点，且随着激光技术与电子计算机数控技术的密切结合，激光加工在汽车、仪表、模具制造等行业得到了广泛的应用。具体如下。

① 激光打孔。激光打孔是激光加工中应用最早和最广泛的一种加工方法。利用激光几乎可以在任何材料上打微型小孔，且加工效率高（打一个孔通常只需 0.001s 左右），易于实现加工自动化和流水作业。目前已应用于火箭发动机和柴油机的燃料喷嘴加工、化学纤维喷丝板打孔、钟表及仪表行业红宝石轴承打孔、金刚石拉丝模加工等。

② 激光切割。激光可以切割各种各样的材料，如金属、陶瓷、橡胶、木材等，切缝窄、效率高、操作方便。

③ 激光焊接。激光焊接与激光打孔不同，焊接时不需要高的能量密度，而只需将工件的加工区域烧熔即可。与其他焊接相比，激光焊接具有焊接时间短、效率高、无喷渣、被焊材料不易氧化、热影响区小等特点。激光焊接不仅能焊接同种材料，而且可以焊接不同种类的材料，甚至可以进行金属与非金属材料之间的焊接。

④ 激光表面处理。利用激光对金属工件表面进行扫描，工件表面在极端的时间内被加热到相变温度，热量迅速向工件内部传导而使表面冷却（其冷却速度很高，一般可达 5000℃/s），实现工件表层材料的相变硬化。用激光进行表面热处理时，工件表层的加热速度极快，内部受热极小，工件不产生热变形，硬化均匀、硬度高、硬化深度可精确控制，因此，特别适合于对齿轮等形状复杂的零件进行表面淬火；同时，由于是散开式作业，不必使用炉子加热，也适合于大型零件的表面淬火。

3.5.4.2 电子束加工

电子束加工是利用能量密度很高的高速电子流，在一定真空度的加工舱中使工件材料熔化、蒸发和汽化而达到加工目的的加工方法。其加工原理如图 3-38 所示，电子枪射出的高

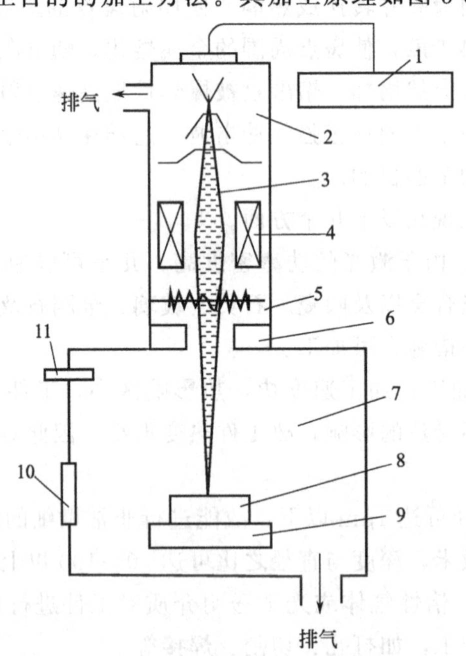

图 3-38 电子束加工原理示意图

1—加速高压；2—电子枪；3—电子束；4—电磁透镜；5—偏转器；6—反射镜；7—加工室；8—工件；9—工作台驱动系统；10—窗口；11—观察系统

速运动的电子束经电磁透镜聚焦后轰击工件表面，轰击处产生局部高温，使材料瞬时熔化、气化而蚀除。电磁透镜实质上是一个通直流电的多匝线圈，其作用与光学玻璃透镜相似。当线圈通上电流后形成磁场，电子束在磁场力的作用下聚集。偏转器也是一个多匝线圈，当通以不同的电流时，产生的磁场也不同，从而使电子束按照加工的需要作相应的偏转。

电子束加工具有以下四个特点。

(1) 能量密度高

电子束聚焦点范围小，能量密度高，适合于加工精微深孔和窄缝等，且加工速度快，效率高。

(2) 工件变形小

电子束加工是一种热加工，主要靠瞬时蒸发去除材料，工件很少产生应力和变形，且不存在工具消耗。

(3) 加工点上化学纯度高

由于电子束加工是在高真空度的真空室内进行的，所以熔化时可以防止因空气的氧化作用产生杂质的缺陷。故对于易氧化的金属及合金材料，尤其是对于纯度要求极高的半导体材料是比较理想的一种加工方法。

(4) 可控性好

电子束的强度和位置均可由电磁方法直接控制，便于实现自动化加工。

电子束加工应用比较广泛，能完成诸如打孔、焊接及刻蚀等多种工序。下面简要介绍几种。

① 高速打孔。电子束打孔时，其功率密度必须达到能使电子束击中点的材料气化蒸发的程度。目前电子束打孔的最小直径可达 0.003mm，孔的深径比可达 100∶1，孔的内侧臂斜度约为 1°～2°。

② 加工弯孔及特殊表面。电子束可以用来切割各种复杂型面，切口宽度为 3～6μm，边缘粗糙度可控制在 0.5μm。电子束还可以加工弯孔和立体曲面，利用电子束在磁场中偏转的原理，使电子束在工件内部偏转，控制电子速度和磁场强度，即可控制曲率半径，从而加工出弯曲的孔。若同时改变电子束和工件的相对位置，还可以进行切割和开槽等加工。

③ 电子束焊接。电子束焊接是通过材料的熔融和气化使材料牢固地结合的一种技术，是应用比较广泛的技术。

④ 电子束刻蚀。在微电子器件的生产中，为制造多层固体组件，可利用电子束对陶瓷或半导体材料刻出许多微细沟槽和小孔，如在硅片上刻出宽 0.2μm，深 0.25μm 的细槽，在混合电路的金属镀层上刻出 40μm 宽的线条；另外，电子束刻蚀还可用于制版，可在铜质印刷滚筒上按色调深浅刻出许多深浅大小不一的沟槽和凹坑等。此外，电子束还可以用于光刻，以实现精细图形的复写等。

3.5.4.3 离子束加工

离子束加工与电子束加工相类似，也是在真空条件下，将 Ar、Kr、Xe 等惰性气体电离产生离子束，并经过加速、集束、聚焦后，投射到工件表面的加工部位，以实现去除加工。不同的是离子带正电荷，其质量比电子大得多，如最小的氢离子，其质量是电子质量的 1840 倍。所以一旦离子被加速到较高速度时，离子束比电子束具有更大的撞击动能。离子束加工时靠微观的机械撞击产生能量，而不是像电子束那样靠动能转化为热能来进行加工的。

图 3-39 为离子束加工示意图，惰性气体由入口注入电离室，灼热的灯丝发射电子，电子在阳极的吸引和电磁线圈的偏转作用下进行螺旋运动，惰性气体原子在高速电子撞击下被电离为离子。阳极与阴极上各有数百个直径为 0.3mm 的小孔，上下位置对齐，可以对离子束进行校直，实施不同的加工。由于离子束可以通过光学系统进行聚焦扫描，离子束轰击材料是逐层击除原子的，离子束流密度及离子能量可以精确控制，所以利用离子束进行离子镀膜可以控制在亚微米级精度，而利用离子束进行离子刻蚀则可以达到纳米级的加工精度，因此离子束加工是最有前途的超精密微细加工方法，是纳米加工技术的基础。

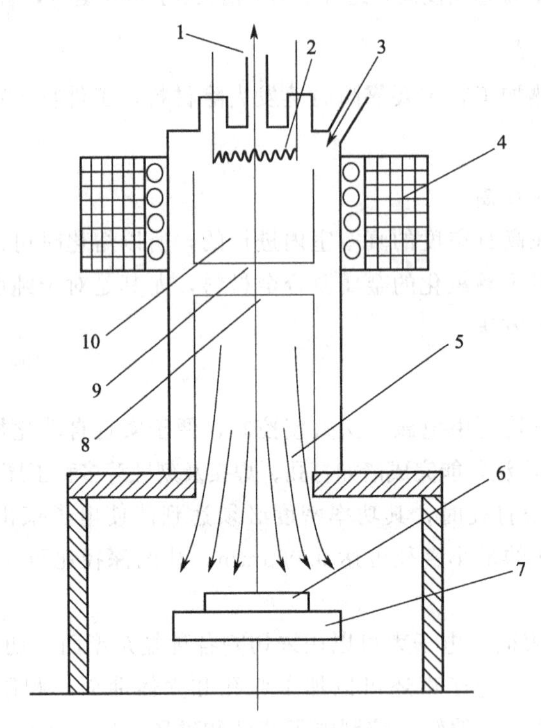

图 3-39　离子束加工示意图

1—真空抽气口；2—灯丝；3—惰性气体主入口；4—电磁线圈；5—离子束流；6—工件；7、8—阴极；9—阳极；10—电离室

离子束加工是在真空中进行的，故污染少；由于是利用机械碰撞能量加工，所以对金属、非金属都适用。离子束加工是一种微观加工，其加工应力、热变形等极小，加工表面质量好；且易于实现自动化。

由于离子束加工设备费用高，成本高，加工效率低，因此应用范围受到一定的限制。目前主要用于离子刻蚀、离子镀膜以及用于表面改性等。高能离子发生器中离子束的均匀性、稳定性和微细度等方面都有待于进一步研究。

3.5.5　超声波加工

超声波加工是利用超声波（16～30kHz）振动带动工具和工件之间的磨料悬浮液冲击和抛磨工件，以进行穿孔、切割和研磨等加工的方法。

图 3-40 所示为超声波加工原理图。超声波发生器输出的机械振动通过一个上粗下细的

变幅杆放大，把工具端面的纵向振幅放大到 0.01～0.1mm，加工时工具固定在变幅杆的端头，并以一定的静压力压在工件上，在工具和工件之间不断注入磨料悬浮液，工具在变幅杆驱动下作超声频振动，并带动磨料悬浮液中的磨料高速冲击被加工工件，工件加工区域的材料便被粉碎成很细的微屑，从工件表面脱落下来。

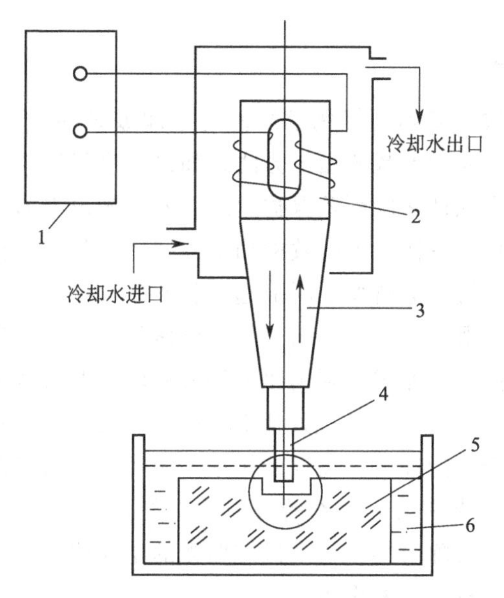

图 3-40 超声波加工示意图

1—超声波发生器；2—换能器；3—变幅杆；4—工具；5—工件；6—磨料悬浮液

在整个加工过程中，除了磨粒的机械冲击作用之外，还有磨料悬浮液的空化作用。空化作用是指存在于液体中的微气核空化泡在声波的作用下振动，当声压达到一定值时发生生长和崩溃的动力学过程。空化作用一般包括 3 个阶段：空化泡的形成、长大和剧烈的崩溃。当盛满液体的容器通入超声波后，由于液体振动而产生数以万计的微小气泡，即空化泡。这些气泡在超声波纵向传播形成的负压区生长，而在正压区迅速闭合，从而在交替正负压强下受到压缩和拉伸。在气泡被压缩直至崩溃的一瞬间，会产生巨大的瞬时冲击波，这种瞬时冲击波的压强可高达几十甚至上百兆帕。这种空化作用可以使脆性材料表面产生局部疲劳和引起显微裂纹，或使原有裂纹扩大而起到“掘松”的作用。在机械冲击和空化共同的作用下，再加上磨料悬浮液的循环流动，被粉碎下来的微屑被带走，磨料不断更新，工件不断进给，使加工持续进行，工具形状便复现在工件上，直到符合要求为止。

超声波加工具有以下特点。

(1) 由于超声波加工主要依靠冲击的作用，工件材料的脆性越大，加工效果越好，故适用于加工脆硬材料（特别是不导电的硬脆材料），如玻璃、石英、陶瓷、宝石、金刚石、各种半导体材料、淬火钢、硬质合金钢等。

(2) 可采用比工件软的材料做成形状复杂的工具。适合于加工各种复杂形状的型腔、型孔以及成形表面，还可以进行套料、切割和雕刻等。

(3) 工件表面所受作用力小，热影响小，不会引起变形和烧伤，因此适合于薄壁零件及工件的窄槽、小孔的加工，且加工表面无残余应力，加工精度高，所加工孔的精度可达 0.005mm 以上，表面粗糙度 Ra 值可达 0.1μm。

近年来，超声电解加工、超声电火花加工、超声振动切削加工等技术迅速发展，这些加工方法把两种甚至两种以上的加工方法的工作原理结合在一起，使加工效率、加工质量显著提高。利用超声振荡所产生的空化作用还可对机械零件进行清洗，此外，利用超声波还可以来进行测距和探伤等。

3.5.6 化学机械复合加工

所谓化学加工是利用酸、碱和盐等化学溶液与金属或某些非金属工件表面发生化学反应，腐蚀溶解而改变工件尺寸和形状的加工方法。如果仅进行局部有选择性的加工，则需对工件上的非加工表面用耐腐蚀性涂层覆盖保护起来，而仅露出需加工的部位。化学机械复合加工是一种超精密的精整加工方法，可有效地加工陶瓷、单晶蓝宝石和半导体晶片等淬硬性非金属材料，它可防止普通机械磨料加工所引起的脆性裂纹和凹痕等表面缺陷，避免磨粒的耕犁引起的划痕，可获得光滑无缺陷的表面。化学机械复合加工中常用的有机械化学抛光和化学机械抛光。机械化学抛光的原理是利用比工件材料软的磨料对工件表面进行机械摩擦加工（例如对 Si_3N_4陶瓷用 Cr_2O_3，对 Si 晶片用 SiO_2等），由于运动的磨粒本身的活性以及因磨粒与工件间的微观摩擦产生的高压、高温的作用，使工件表面能在很短的接触时间内出现固相反应，随后这种反应生成物被运动着的磨粒通过机械摩擦作用去除，因为磨粒软于工件，故不是以磨削的作用来去除材料。化学机械抛光的工作原理是由溶液的腐蚀作用形成化学反应薄层，然后由磨粒的机械摩擦作用去除。

上述两种加工方法的加工原理和工艺条件见表 3-6。

表 3-6 机械化学抛光和化学机械抛光的加工方法比较

<table>
<tr><th rowspan="2">加工方法</th><th colspan="4">加工原理</th><th colspan="3">工艺条件</th><th rowspan="2">应用举例</th></tr>
<tr><th colspan="2">作用机理</th><th>反应生成条件</th><th>主要影响因素</th><th>磨粒</th><th>抛光轮</th><th>加工液</th></tr>
<tr><td rowspan="2">机械化学抛光</td><td>干式</td><td>磨粒与工件生成固相反应层，被磨料的机械摩擦作用去除</td><td>磨粒与工件表面产生高压、高温</td><td>单晶体或晶片出现固相反应的速度、磨粒的硬度和摩擦系数、磨粒的直径、磨粒表面能量以及它对其他物质的吸附性</td><td>软质超微粒</td><td>硬质</td><td>无</td><td>用 SiO_2 超微磨粒对蓝宝石 L_aB_6单晶体和硅晶片抛光</td></tr>
<tr><td>湿式</td><td>磨粒的固相反应及加工液的腐蚀作用，化学生成层由磨粒的机械作用去除</td><td>磨粒对加工表面的惯性力和摩擦力引起工件表面的温升以及晶粒或晶片的工件表层的活性</td><td>单晶体或晶片与磨粒及抛光轮的摩擦系数、溶液对新生表面的吸附性、单晶片或晶体或晶片表面结晶格架歪斜和无定形化</td><td>软质超微粒</td><td>软质</td><td>对晶体能起化学腐蚀作用</td><td>单晶硅的加工（用碱液加工）、铁素体的加工（用酸溶液加工）</td></tr>
<tr><td>化学机械抛光</td><td colspan="2">加工液的腐蚀作用生成化学反应薄层，由磨粒的机械作用或液体的动力作用去除</td><td>加工液体的流动性、加工表面的温度</td><td>抛光轮形成的摩擦热和加工液的搅拌</td><td>可无磨粒或添加超微粒</td><td>硬质</td><td>对晶体能起化学腐蚀作用</td><td>砷化镓（GaAs）半导体晶片加工</td></tr>
</table>

3.5.7 水射流与磨料流加工

3.5.7.1 水射流加工

水射流加工技术是近年来发展应用很快的一种特种加工方式。最初它只是在大理石、玻璃等非金属材料上用于切割直缝等作业，而现在已发展为切割复杂三维形状工件的一种工艺方法，尤其适合于各种软质有机材料的切割，是一种绿色加工方法。

(1) 高压水射流加工系统构成

高压水发生装置将水加压至数百个大气压以上，再通过具有细小孔径的喷射装置转换为高速的微细"水射流"，利用"水射流"很高的流速（一般在300～900m/s）和巨大的冲击能量对工件进行机械加工。由于水射流速度高，压力大，故经常被称之为高速水射流或高压水射流。

高压水射流加工系统如图3-41所示，主要由增压系统、储能器、喷嘴管路系统、控制系统、集水系统及水循环处理系统等构成。油压系统的大活塞在低压油（10～30MPa）的推动下作往复来回移动（方向由换向阀自动控制），把水压增大到一定的值，将动能转化为压力能。供水系统对水净化处理后加入防锈剂，然后由供水泵打出低压水从单向阀进入高压缸。

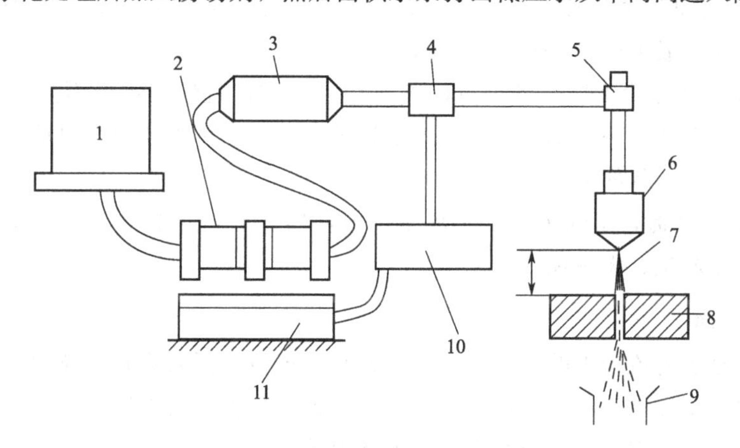

图3-41 高压水射流加工系统

1—带有过滤器的水箱；2—水泵；3—蓄能器；4—控制器；5—阀；6—喷嘴；7—射流；8—工件；9—排水器；10—液压机构；11—增压器

增压恒压系统包括增压器和蓄能器两部分，增压器获得的高压是利用大活塞与小活塞面积之差来实现的，如图3-42所示。增压比为两者面积之比，通常为10∶1～25∶1，增压器输出高压可达100～750MPa。由于水在400MPa时其压缩率达12%，因而活塞杆在走过其整个行程的八分之一后才会有高压水输出。活塞到达行程终端时，由换向阀控制自动改变油路方向（见图中虚线箭头所示），进而推动大活塞反向行进，高压水则在另端输出。此时输出的属于脉动的高压水，并不能直接送到喷嘴喷出，否则会对管路系统产生周期性振荡。为获得稳定的高压水射流，应在增压器和喷嘴回路之间设置一个蓄能（恒压）器，以消除水压脉动，达到恒压的目的，脉动量应控制在5%之内。

水压恒定的高压水经直径为0.1～0.6mm的喷嘴形成射流，并以2～3倍的声速喷出，使压力能变为动能。在人工或计算机的控制下，移动工件或切割头即可完成所要求的加工。

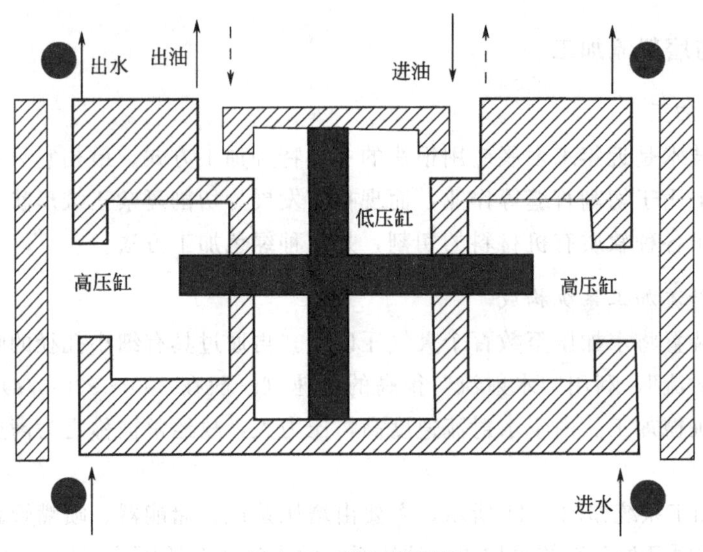

图 3-42 增压器原理

(2) 水射流加工的特点及应用

① 采用水射流加工时，工件材料不会受热变形，切缝很窄（0.075～0.4mm），材料利用率高，加工精度一般可达 0.075～0.1mm。

② 高压水射流永不会变钝，各个方向都有切削作用，且使用水量不多。加工时不需要进刀槽、孔，工件上任意一点都能开始和结束切削，可加工小半径的内圆角。与数控系统相结合，还可进行复杂形状的加工。

③ 加工区域温度低，切削中不产生热量，无切屑、毛刺、烟尘、渣土等，加工产物混入液体排出，故无灰尘、无污染。

3.5.7.2 磨料流加工

磨料流加工是水射流加工的一种形式。它是在水射流中混入磨料颗粒而进行加工的。磨料的引入大大提高了液体射流的作用效果，使得射流在较低压力下即可进行除锈、切割等作业。一般情况下采用水射流的工业切割均采用磨料射流介质。图 3-43 所示是磨料流加工示意图。

磨料流可分为两个阶段（见图 3-44）。在第一阶段，磨粒（粒度一般为 50# ～120#）以小角度冲击而产生相对光滑的表面，称为磨蚀切割作用过程；第二阶段，磨粒以大角度冲击磨蚀而呈现出了带条纹痕迹的不稳定切割，称为变形切割区，这是后续穿透过程，它对在切缝底部的条纹状痕迹起主要作用。

高压水射流及磨料射流不仅可应用于金属与非金属的切割，还可用于打孔、螺纹加工、抛光等。水射流或磨料射流可在 4mm 薄板上加工出直径 0.4mm 的小孔，也可在金属内钻出几百毫米的长孔；可车削出内外螺纹；可在直径 20mm 的棒材上加工出 0.15mm 的薄片；对金属或其他脆性材料进行高精度加工，深度误差可控制在 0.025mm 以内；还可对硬质材料进行表面抛光。

高压水射流除上述应用外，在降低压力或增大靶距和流量后还可用于清洗、破碎、表面毛化和强化处理，已在许多行业得到了广泛的应用，如汽车制造与修理、航空航天、机械加工、国防军工、电子电力等。

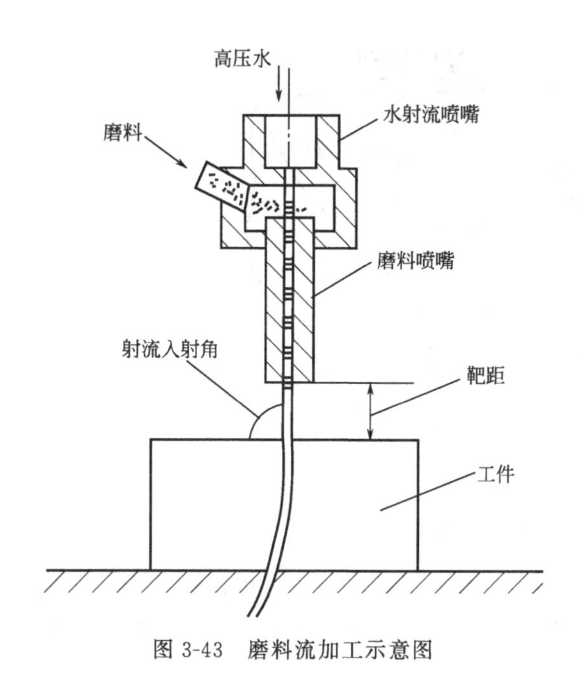

图 3-43 磨料流加工示意图

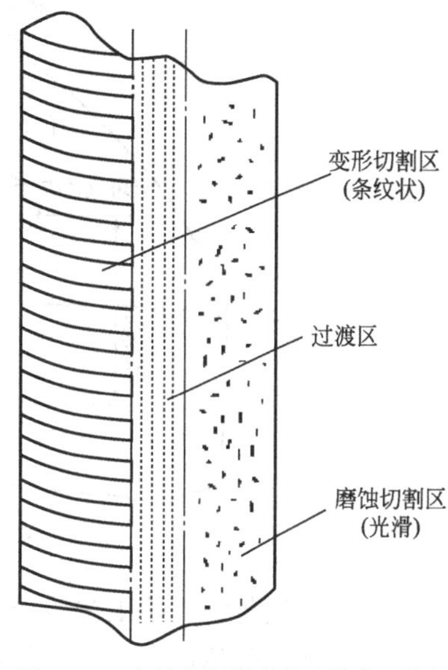

图 3-44 磨料流切割阶段及其表面特征

3.6 其他先进制造工艺技术

3.6.1 先进堆积加工工艺

(1) 激光焊接

激光焊接是利用能量密度很高（$10^5 \sim 10^7$ W/cm^2）的激光束聚焦到工件表面，使表面金属“烧熔”而形成焊接接头的技术。一束高亮度的激光经聚焦后光斑直径可小到几微米，产生巨大的能量密度，在千分之几秒甚至更短时间内将材料熔化，从而进行激光焊接。激光焊接特别适合于自熔焊接，一般不加填充料。其焊接过程大体分为如下阶段：激光照射工件材料，工件材料吸收光能；光能转变为热能使工件材料无损加热；工件材料被熔化，作用结束与加工区冷凝。

激光焊接的本质特征是基于小孔效应的焊接。为产生小孔，激光功率密度应足够高，小孔深度即为焊接熔深。图 3-45 为具有小孔效应的深熔焊接示意图。随着工件相对光束的移动．小孔保持稳定并在材料中移动，小孔周围为泪滴状的熔池所包围。小孔内充满金属蒸气形成的等离子体，这个具有一定压力的等离子体还向工件表面空间喷发，在小孔之上形成一定范围的等离子云。

激光焊接与传统焊接法相比具有如下特点。

a. 激光连续焊接是一种高效率的焊接工艺。使用激光焊接工艺，用极小的能量输入即能完成小截面焊接，焊接速度很高。

b. 激光照射时间短，焊接过程极为迅速，它不仅有利于提高生产率，而且被焊材料不易氧化、焊点小、焊缝窄、热影响区小，故焊接变形小、精度高，常可免去焊后矫形等后续加工工艺。

c. 激光功率密度高，激光束不与被焊材料接触，也不产生焊渣，不需要去除工件氧化

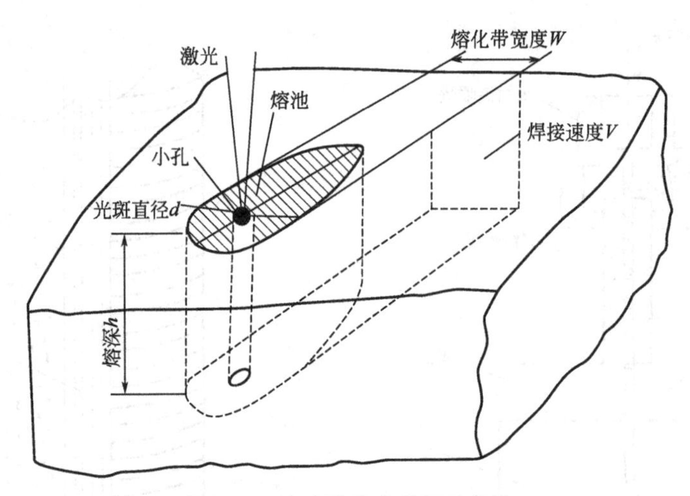

图 3-45　有小孔效应的深熔焊接

膜。除能够焊接传统焊接工艺所能焊接的金属材料、非金属材料，还可焊接难接近的部位。由于可通过惰性气体或空气对工件进行焊接，故适应性广，适用于微型、精密、排列密集、受热敏感的焊件及真空管内的焊接加工等。

d. 激光焊接引起的热影响很小（输入能量小、但相当集中），而且焊后的合金成分偏析很小（由于加工速度快，导致快速升温及再凝固），组织转变也很小，所有这些都使经过激光焊接的连续焊缝具有很高的耐腐蚀性。因此，凡用激光焊接的材料，不需要预先或焊后热处理，也不会降低质量。

e. 可焊接同种金属，也可焊接异种金属，甚至还可焊接金属与非金属材料。可以进行薄片间的焊接、丝与丝之间的焊接，也可进行薄膜焊接和缝焊。适用于其他焊接方法难以或无法进行的焊接。

f. 由激光熔化的材料所具有的机械承载能力一般高于母体金属的承载能力，因此可以在焊后进行剧烈的成形加工操作，特别是能够进行像弯曲凸缘之类的冷成形加工。

g. 激光焊接系统具有高度的柔性，易于实现自动化。

h. 激光焊接设备价格较贵，焊接件拼装精度要求高。

激光焊接基本装备由激光器、激光器电源、光学系统及机械系统等四大部分组成。激光器是激光加工的重要设备，其作用是将电能转变成光能，产生所需的激光束。激光器电源是根据加工工艺的要求，为激光器提供所需要的能量，包括电压控制、储能电容组时间控制及触发器等。光学系统是将激光束聚集并观察和调整焦点位置，包括显微镜瞄准、激光束聚集及加工位置的显示度。机械系统主要包括床身、可在多坐标范围内移动的工作台及机电控制系统等，也包括焊接机器人。

激光焊接要求聚焦光斑直径足够小，光束质量好，以达到所需的功率密度。低阶模激光器能满足这个要求，其焊透深度大体与激光功率成正比。CO_2激光器输出波长较长(10.6μm)，金属表面对它的反射率高，因此早期低功率CO_2激光器难以应用于焊接，后来高功率CO_2激光器的出现突破了这个瓶颈。目前，国外用于焊接切割的激光器功率已达20kW，主要为快速轴流激光器，输出为低阶模激光。

激光焊接常采用保护气体，主要是抑制光致等离子体和排除空气使焊缝免遭污染，不同保护气体抑制等离子体的效果不同。从获得最大熔深考虑，氦气效果最好，氮气次之，氩气最差。

在一定的激光功率下，降低焊接速度，则线能量（单位长度焊缝输入能量）增加，熔深增加，因而适当降低焊接速度可加大熔深。但速度过低，熔深不会再增加，而焊缝变宽，使小孔崩溃，焊接过程蜕变为传导型。对于给定的激光功率等条件，存在一个维持深熔焊接的最低焊接速度。不同金属材料间采用激光焊接的焊接性如图 3-46 所示。

	W	Ta	Mo	Cr	Co	Ti	Be	Fe	Pt	Ni	Pd	Cu	Au	Ag	Mg	Al	Zn	Cd	Pb	Sn
W																				
Ta																				
Mo																				
Cr		P																		
Co	F	P	F	G																
Ti	F			G	F															
Be	P	F	P	P	F	P														
Fe	F	F	G			F	F													
Pt	G	F	G	G		F	P	G												
Ni	F	G	F	G		F	F	G												
Pd	F	G	G	G		F	F	G												
Cu	P	P	P	P	F	F	F	F												
Au			P	P	P	F	F	F												
Ag	P	P	P	P	P	F	P	P	F	P		P								
Mg	P		P	P		P	P	P	P	P	P	F	F	F						
Al	P	P	P	P	F	F	P	F	P	F	P	F	F	F	F					
Zn	P		P	P	F	P	P	F	P	F	F	G	F	G	P	F				
Cb				P	P	P		P	F	F	F	F	F	G		P	P			
Pb	P		P	P	P	P		P	P	P	P	P	P	P	P	P	P	P		
Sn	P	P	P	P	P	P	P	P	F	P	P	P	F	F	P	P	P	P	P	

	极好
G	好
F	尚可
P	不好

图 3-46 不同金属材料间采用激光焊接的焊接性

激光焊接要求焊件装配精度高，而且要求聚集成很细的激光束严格地沿着待焊缝扫描，这在一定程度上限制了激光焊接的进一步推广应用。影响激光焊接质量的因素包括激光功率、聚焦状态、等离子体状态、聚集光束与焊缝的对中以及焊缝轨迹跟踪等，其中有些参数如等离子体状态、聚焦光束与焊缝的对中程度等的检测较困难，因此对激焊接过程的控制尚限于焊接轨迹的可编程的控制，闭环控制的研究才处于初始阶段，优化控制、自适应控制和智能控制将会成为该项技术基础研究的热点。

(2) 电子束焊接

电子束焊接是在真空条件下，利用聚焦后被加速的能量密度极高的电子束冲击到工件表面上，在极短的时间（几分之一微秒）内引起材料的局部熔化，达到焊接的目的。电子束焊接机如图 3-47 所示。其中电子枪是用来发射高速电子流并加以初步聚集，真空系统保证真空室所需的真空度（因为电子只有在高真空下才能高速运动），同时阻止发射阴极高温下氧化，控制系统作用是控制电子束大小、方向以及工作台移动等。电子束加工对电源系统要求很高。

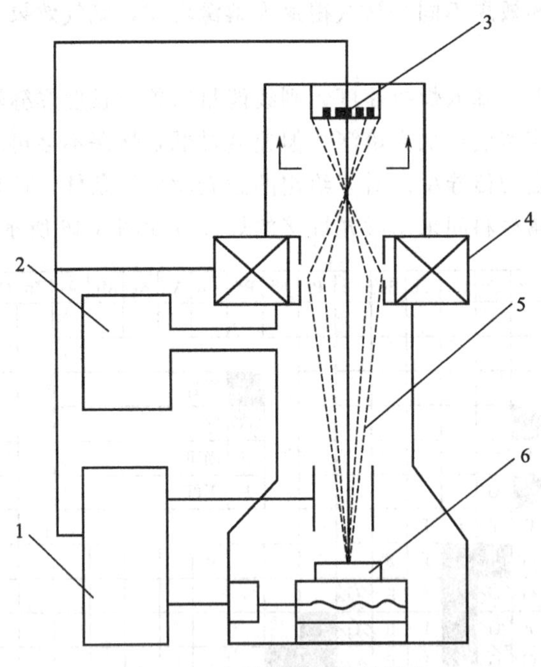

图 3-47 电子束焊接机的组成

1—电源反控制系统；2—抽真空系统；3—电子枪焊接系统；4—聚焦系统；5—电子束；6—工件

电子束焊接时，控制电子束能量密度，使焊件焊接头处的金属熔融，在电子束连续不断地轰击下，形成一个被熔融金属环绕着的毛细管状的蒸汽管，如果焊件按一定速度沿着焊件接缝与电子束作相对移动，则接缝上的蒸汽管由于电子束的离开而重新凝固，使焊件的整个接缝形成一条焊缝。电子束焊接可以焊接几乎所有用熔焊方法可焊的金属材料，可焊接难熔金属、化学性能活泼的金属；可焊接很薄的工件，也可焊接几百毫米厚的工件，还可焊接用一般焊接方法难以完成的异种金属焊接。电子束焊接一般不用焊条，焊接过程在真空中进行，因此焊缝化学成分纯净，焊接接头的强度往往高于母材；由于电子束能够极其微细地聚焦，可聚焦到微米级，能量密度很高，且工件不受机械力作用，不产生宏观应力和变形，因此焊接精度高，可以将精加工后的零件组焊在一起而保证构件的整体精度。

(3) 扩散焊接

扩散焊接是一种可以连接物理化学性能差别很大的异种材料的固态连接方法。如陶瓷与金属，并可连接截面形状和尺寸差异大的材料，以及连接经过精密加工的零部件而不影响其原有精度。

(4) 焊熔近净成形

焊熔近净成形技术采用成形熔化方法制成全部由焊缝组成的零件，通常可采用已经成熟的焊接技术，按照零件的需求连续逐层堆焊，直至达到零件的最终尺寸。这种方法的优越性在于新制物件的尺寸形状几乎不受限制，目前已能制成外径达 5.8 米、重 500 吨的部件。采用这项技术，金属材料利用率高，化学成分均匀，冲击韧变、断裂韧变性能均显著改善。这种新型焊接成形技术适用于对材料有特殊要求或对形状有一定要求的场合，特别适用于零件原型的开发。

3.6.2 纳米技术

3.6.2.1 纳米技术的内涵

纳米技术通常指纳米材料的设计、制造、测量技术。纳米技术涉及机械、电子、材料、物理、化学、生物、医学等多个领域。目前，纳米技术研究的主要内容包括：①纳米级表面形貌测量及表面层物理化学性能检测；②纳米级加工技术；③纳米级传感与控制技术。

3.6.2.2 纳米测量技术

（1）扫描隧道显微镜

扫描隧道显微镜的工作原理是基于量子力学的隧道效应。当两电极之间距离缩小到1nm时，由于粒子的波动性，电流会在外加电场作用下穿过绝缘势垒，从一个电极流向另一个电极，即产生隧道电流。当一个电极为非常尖锐的探针时，由于尖端放电而使隧道电流加大。由于隧道电流密度对探针与试件表面距离非常敏感，用探针在试件表面扫描时，就可以得到试件纳米级三维表面形貌。扫描隧道显微镜有两种测量模式：①等高测量模式[见图3-48（a）]。探针以不变的高度在试件表面扫描，隧道电流随试件表面的起伏而变化，从而得到试件表面形貌信息。②恒电流测量模式[见图3-48（b）]。探针在试件表面扫描时，保持探针与试件之间的隧道间隙不变。此时，探针的移动直接描绘了试件的表面形貌。

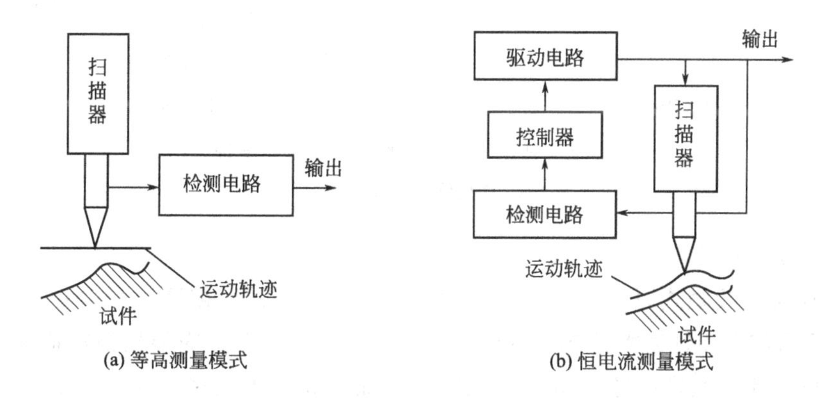

图3-48　扫描隧道显微镜工作原理

扫描隧道显微镜的探针一般是将金属丝经化学腐蚀制成，在腐蚀断裂瞬间切断电流，以获得尖峰，探针尖端的曲率半径为10nm左右。图3-49所示为隧道电流反馈控制系统原理图。

探针进行扫描时隧道间隙的变化使隧道电流发生变化。隧道电流经过放大并转换为隧道电压输出，经线性处理后，送入差分比较器与设置电压进行比较，再经积分比例放大，送入计算机处理，产生与原误差方向相反的位移补偿，使隧道间隙和隧道电流保持不变。而探针的升降值就是试件表面的形貌值。目前多采用压电陶瓷扫描管实现纳米级扫描。压电陶瓷扫描管结构见图3-50（a），其工作原理图见图3-50（b）。

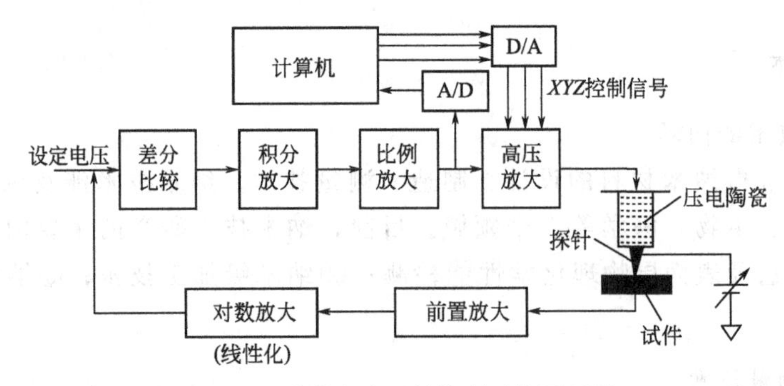

图 3-49　隧道电流反馈控制系统原理图

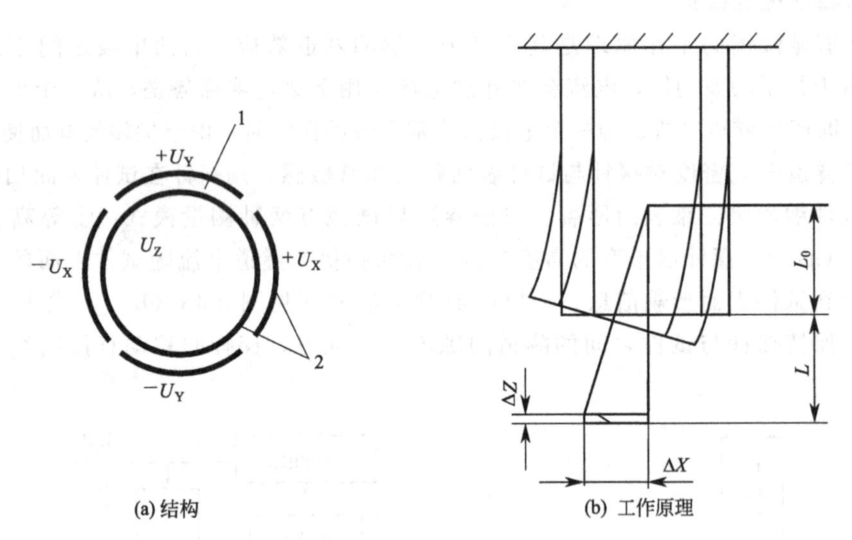

图 3-50　压电陶瓷扫描管结构及工作原理

1—陶瓷管；2—金属膜

(2) 原子力显微镜

图 3-51 所示为接触式原子力显微镜结构简图。图中探针 3 被微力弹簧片 2 压向试件表面，原子排斥力使得探针微微抬起，达到力平衡。在簧片 2 上方安装扫描隧道探针 1，扫描隧道探针 1 与簧片 2 间产生隧道电流，探针 1 与探针 3 同步位移，即可测出试件表面微观形貌。

3.6.2.3　纳米加工技术

(1) 扫描隧道显微加工

扫描隧道显微镜的探针尖端距离工件的某个原子极近时，其引力可以克服工件其他原子对该原子的结合力，使该原子随针尖移动而又不脱离工件表面，从而实现工件表面原子的搬迁。

(2) 光刻电铸法加工

光刻电铸法采用同步加速器发射的 X 射线在光致抗蚀剂上刻蚀出三维图形，然后对三维图形曝光蚀刻，制成铸型，再以铸型为注射模具，加工出所需的微型零件。光刻电铸法取

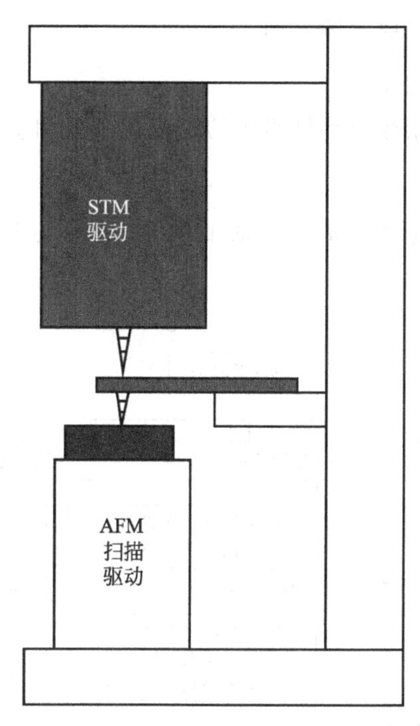

图 3-51 接触式原子力显微镜结构简图

材广泛，材料可以是金属、陶瓷、聚合物、玻璃等，加工精度达亚微米级，目前已广泛应用于电子、生物、医学、化工等领域。其典型产品有传感器、微电极、微机械零件、微光学元件、微波元件、真空电子元件、微型医疗器械等。

3.6.3 生物制造

生物制造是传统制造技术与生命科学、信息科学、材料科学等相结合的产物。生物制造工程的体系结构如图 3-52 所示。

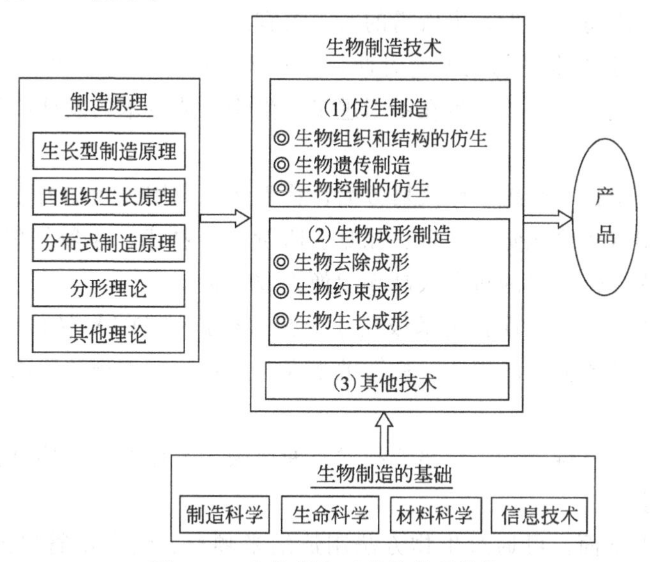

图 3-52 生物制造工程的体系结构

生物制造技术主要应用于以下两方面。

(1) 生物组织和结构的仿生

生物组织和结构的仿生指生物活性组织的工程化制造和生物功能的仿生。

(2) 生物成形制造

生物成形制造是指采用生物制造技术加工零件，如图3-53所示，生物成形制造在微纳米制造中具有广阔的应用前景。

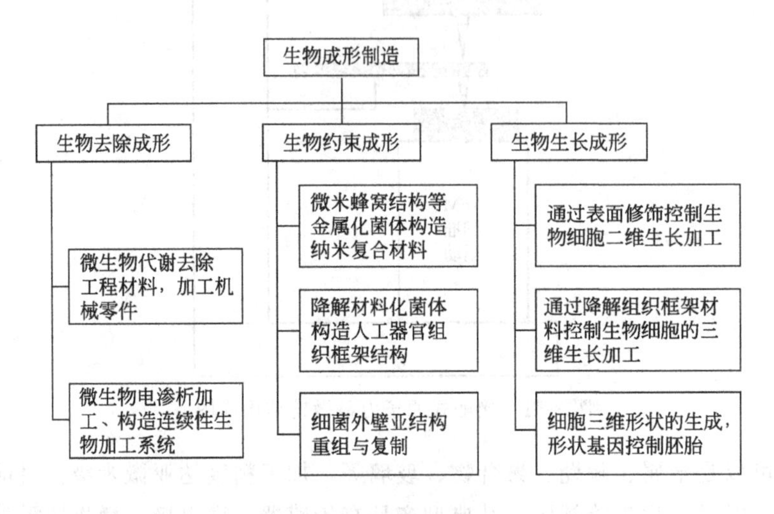

图3-53 生物成形制造的内容

图3-54所示为生物去除成形过程示意图。首先对被加工表面进行抛光和清洗，再贴上一层抗蚀剂掩膜，经曝光、显影，最后制备出试件。

目前，国际上已成功地实现了皮肤细胞的二维生物组织构造，软骨、血管、肝脏等细胞的三维生物组织构造技术正处于研究阶段。相信在不远的将来，一定可以通过控制基因的遗传形状特征和遗传生理特征，生长出所需的人工器官。

21世纪是生物制造技术蓬勃发展的时期，它对人类的日常生活产生了巨大的影响。随着生命科学的发展，生物制造技术也在不断进步，生物制造技术的发展前景主要体现在以下几个方面。

(1) 在机器人、微机电系统、微武器方面，将更多地应用生物动力（人工肌肉、生物泵等）技术，生物感知（生物触觉、视觉、味觉、听觉等）技术、生物智能（人工神经网络、生物计算机等）技术，使未来的机器人越来越像人或动物。

(2) 在纳米技术方面，实现在纳米级尺寸上裁剪或连接DNA双螺旋，改造生命特征，实现各种蛋白质分子和酶分子的组装，构造纳米人工生物膜，实现跨膜物质选择运输和电子传递。

(3) 在医疗方面，三维生物组织培养技术不断突破，人体的各种器官将能得到复制，这会大大延长人类的生命。

(4) 在生物加工方面，可通过生物方法制造纳米颗粒、纳米微管以及特殊结构的功能材料。

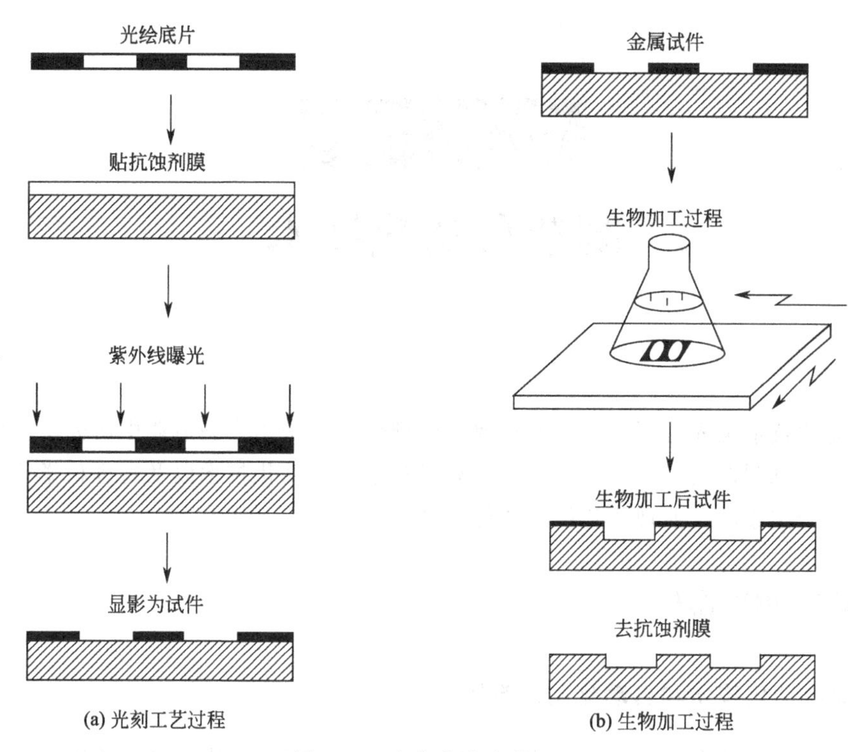

图 3-54 生物去除成形过程

复习思考题

1. 什么是机械制造工艺？
2. 简述先进制造工艺的发展与特点。
3. 先进制造工艺的发展主要体现在哪些方面？
4. 计算机数控机床的组成、种类和结构特点是什么？
5. 什么是数控程序和数控编程？数控编程的分类方法有哪些？
6. 简述手工编程的步骤和计算机辅助数控编程的一般原理。
7. 什么是精密与超精密加工？影响精密与超精密加工的基本因素有哪些？
8. 试述精密与超精密切削机床的结构特点。
9. 金刚石超精密切削的关键技术及适用范围分别是什么？
10. 高速切削机床的主轴系统有哪些？其各自的特点是什么？
11. 高速磨削的关键技术是什么？
12. 简述电火花成形加工及电火花线切割的加工原理。

第4章

制造自动化技术

制造自动化技术是先进制造技术的重要组成部分，也是当今制造业中研究十分活跃的课题，它综合了机械制造技术、信息技术、计算机技术、自动化技术以及管理科学等多学科体系，是衡量一个国家的工业现代化程度的标志之一。

4.1 制造自动化概述

4.1.1 制造自动化技术和自动化制造系统

制造自动化的概念最早是由美国人 D. S. Harder 于 1936 年提出的，当时人们对制造自动化的理解是用机械代替人完成特定的作业。随着计算机控制技术、管理技术、信息传递技术的飞速发展，制造自动化技术现在可以把人从繁重的体力劳动以及恶劣的工作环境中彻底解放出来，极大地提高了劳动生产率，增强了人类改造世界的能力。图 4-1 所示为自动化制造系统的组成示意图。

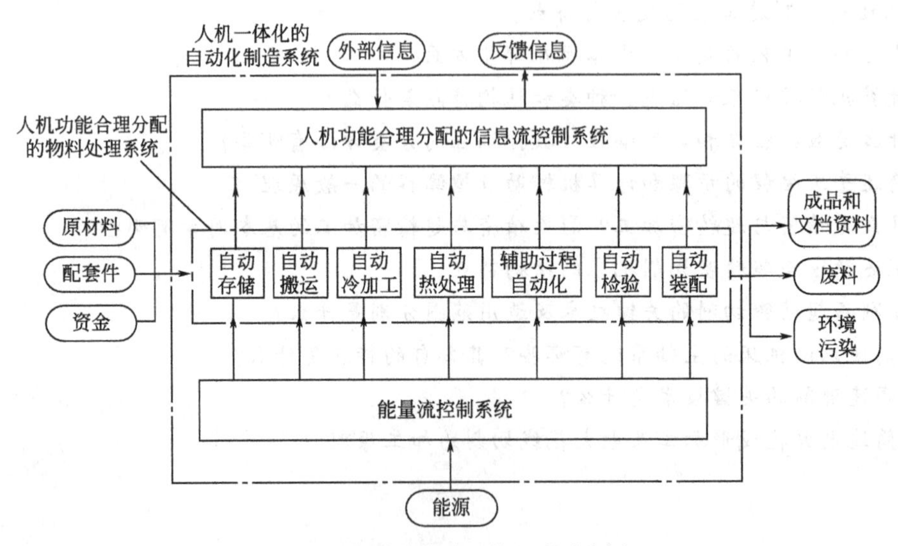

图 4-1 自动化制造系统组成示意图

广义的自动化制造系统由以下几方面组成。

(1) 具有一定技术能力和决策水平的人。

(2) 一定范围的被加工对象。

(3) 一定自动化水平的设备。

(4) 信息流及控制系统。

(5) 能量流及控制系统。

(6) 物料流及物料处理系统。

4.1.2 制造自动化技术的发展

制造自动化技术自20世纪30年代出现以来，其发展大致经历了五个阶段。

(1) 刚性自动化阶段

这一阶段的特点是系统投资大，更换产品不方便，适合少品种、大批量产品的生产。

(2) 数控加工阶段

数控加工阶段的特点是自动化系统柔性好、加工质量高，适应于多品种、中小批量（包括单件产品）的生产。

(3) 柔性制造技术阶段

柔性制造技术是以数控技术为核心，将计算机技术、信息技术与生产技术有机结合在一起的技术。

(4) 计算机集成制造阶段

计算机集成制造是借助于计算机的控制与信息处理功能，使企业运作的信息流、物质流有机融合，实现产品快速更新，生产率大幅提高，资金有效利用，人员合理配置、市场快速反馈。

(5) 智能制造阶段

智能制造是指将人工智能融合进制造的各个环节，通过模拟专家的智能活动，取代或延伸由专家完成的那部分活动。智能制造系统具有自适应能力、自学习能力、自修复能力、自组织能力和自我优化能力，但智能制造系统不可能取代人的全部思维、推理及决策活动。

4.2 工业机器人

工业机器人是集机械工程、控制工程、传感器、人工智能、计算机等技术为一体的自动化设备，它可以替代人执行特定种类的工作。目前，工业机器人已广泛应用于工业生产各个环节中，如物料运送、加工过程中的上下料、刀具的更换、零件的焊接、产品的装配检测等，对提高劳动生产率和产品质量、改善劳动条件起了重要作用。可以将工业机器人定义为：工业机器人是一种能自动定位控制的，可重复编程的，多功能、多自由度的操作机，它能搬运材料、零件或操持工具，用以完成各种作业。

4.2.1 工业机器人的组成及分类

图4-2所示是一个机械人的组成。

工业机器人的驱动系统包括驱动器和传动机构两个部分，控制系统分为开环控制系统和闭环控制系统，感知系统由内部传感器和外部传感器组成，其中内部传感器用于检测各关节

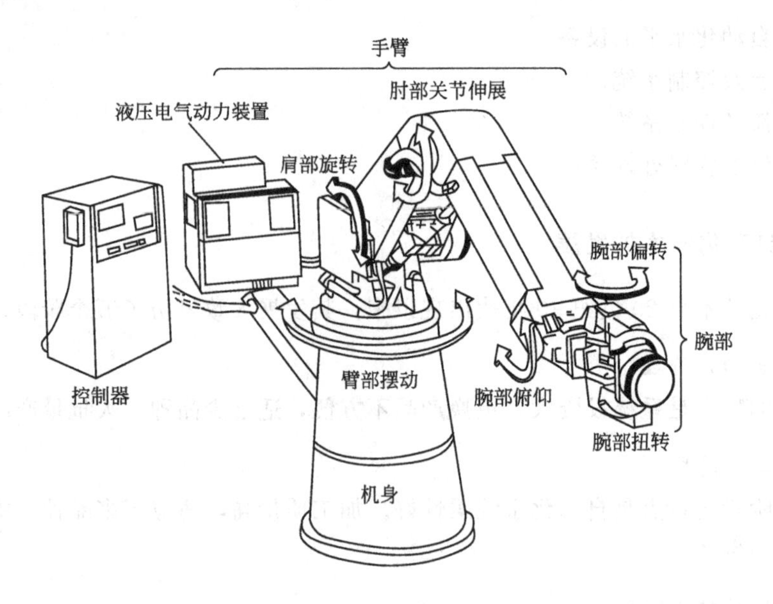

图 4-2 机器人的组成

的位置、速度等，为闭环伺服控制系统提供反馈信息，外部传感器用于检测机器人与周围环境之间的一些状态变量，如距离、接触情况等，用于引导机器人，帮助其识别物体。

工业机器人的分类方法很多，按臂部运动形式分为以下几种。

(1) 直角坐标式。如图 4-3 所示。这种机器人结构简单，避障性好，但结构庞大，动作范围小，灵活性差。

(2) 圆柱坐标式。这种机器人灵活性较直角坐标机器人好，但结构也庞大。

(3) 球坐标式。这种机器人较上述两种机器人结构紧凑，灵活性好，但精度稍差，且避障性差。

(4) 关节式，又称回转坐标式。这种机器人工作范围大、灵活性好，避障好，是目前应用较多的机器人，但其结构复杂，控制耦合比较复杂。

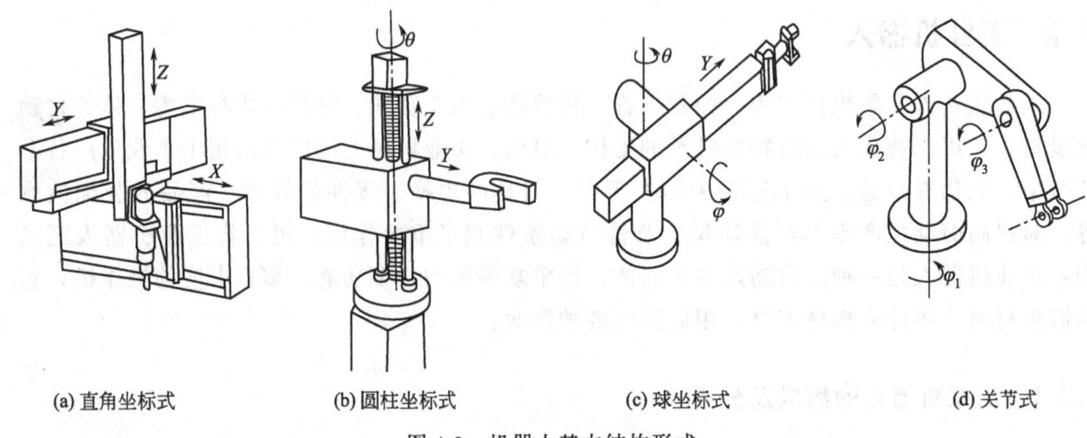

图 4-3 机器人基本结构形式

工业机器人按控制原理可分为操纵型机器人、程控型机器人、数控型机器人、示教型机器人、感觉控制型机器人、适应控制型机器人、学习控制型机器人。

4.2.2 工业机器人结构、控制与驱动

4.2.2.1 机械结构

（1）末端执行器

末端执行器是直接操作工件的部件，包括以下三种。

① 夹钳机械手　夹钳机械手可分为内撑式和外夹式两种，图 4-4 为内撑式机械手，该机械手通过工件的内表面来抓取工件。

图 4-5 所示为外夹式夹钳机械手，驱动杆 1 带动圆柱销 2 在手指 4 的槽内上下滑动，圆柱销滑动过程中驱动手指 4 的上半部分上下移动，使得手指 4 的下半部分绕铰销 3 向里或向外转动，当手指向里转动时，V 形指 5 夹紧工件 6，向外转动即松开工件。夹钳机械手常见的指端形状如表 4-1 所示。

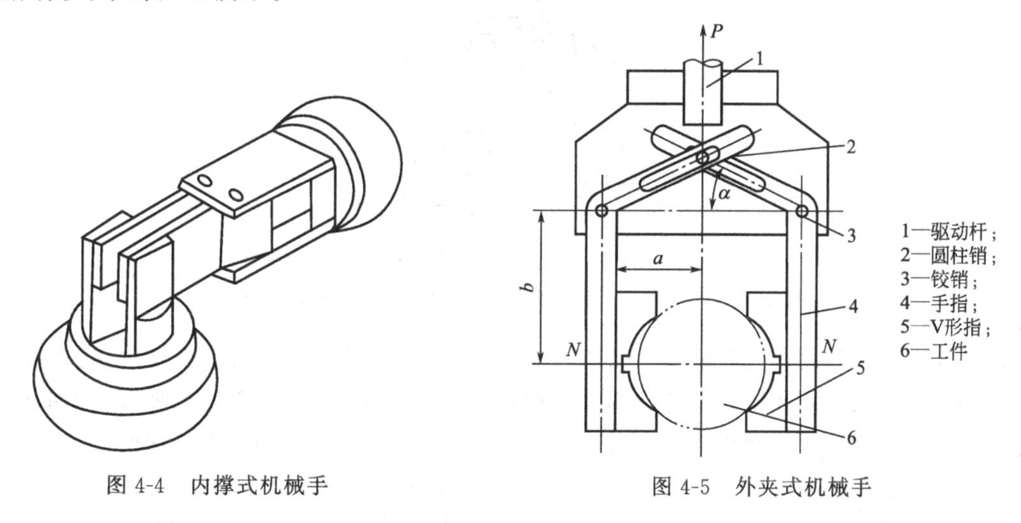

图 4-4　内撑式机械手　　图 4-5　外夹式机械手

表 4-1　夹钳机械手常见的指端形状

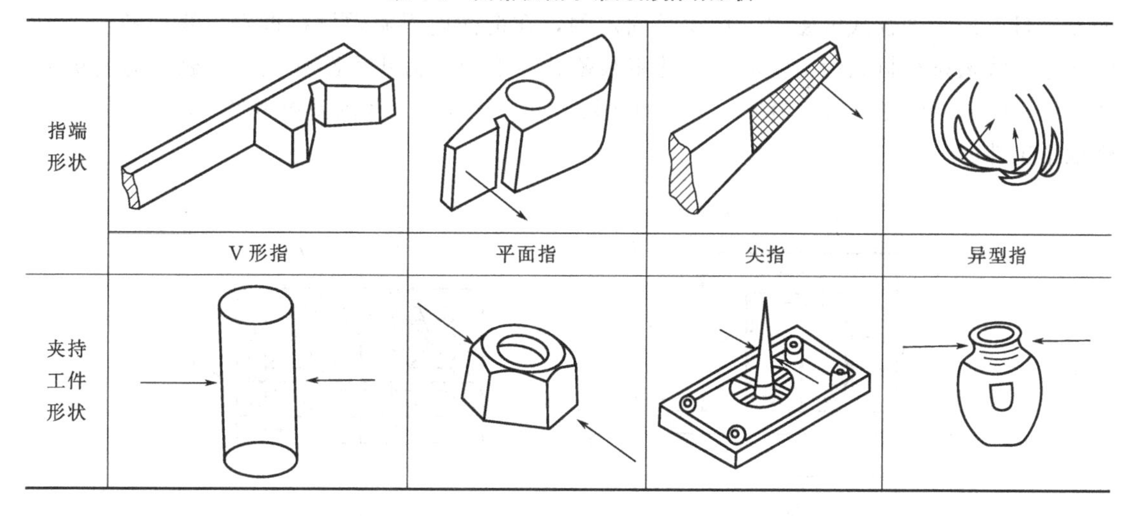

指端形状	V 形指	平面指	尖指	异型指
夹持工件形状				

② 吸附机械手　吸附机械手主要有气吸式和磁吸式两种。气吸式由吸盘、吸盘架及进排气系统组成，具有结构简单、重量轻、使用方便等优点。气吸式机械手利用吸盘内的气压与大气压之间的压力差工作，按形成压力差的方法，可分为真空气吸、气流负压气吸、挤压

排气负压气吸。

图 4-6 所示为气流负压吸附手，当需要取物时，压缩空气高速流过喷嘴 5，其出口处的气压低于吸盘腔内的气压，于是腔内的气体被高速气流带走而形成负压，完成取物动作。当需要释放时，切断压缩空气即可。气流负压吸附手部需要的压缩空气，在一般工厂内容易取得，因此成本较低。

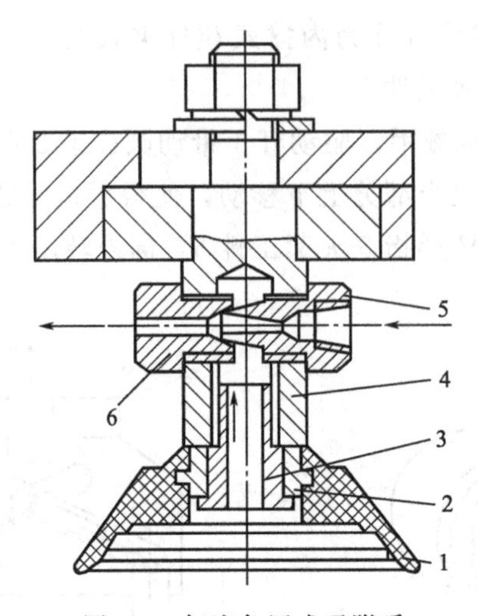

图 4-6 气流负压式吸附手

1—橡胶吸盘；2—心套；3—通气螺钉；4—支撑杆；5—喷嘴；6—喷嘴套

磁吸式手部是利用永久磁铁或电磁铁通电后产生的磁力来吸附工件的，其应用较广。磁吸式手部与气吸式手部相同，不会破坏被吸收表面质量。磁吸收式手部比气吸收式手部优越的方面是：有较大的单位面积吸力，对工件表面粗糙度及通孔、沟槽等无特殊要求。

图 4-7 所示为电磁吸盘的工作原理：当线圈 1 通电后，在铁芯 2 内外产生磁场，磁力线经过铁芯，衔铁 3 被磁化并受到电磁吸力 F 的作用被牢牢吸住。实际使用时，往往采用如图 4-7 (b) 所示的盘式电磁铁。衔铁是固定的，在衔铁内用隔磁材料将磁力线切断，当衔铁接触由铁磁材料制成的工件时，工件将被磁化，形成磁力线回路并受到电磁吸力而被吸住。一旦断电，电磁吸力即消失，工件因此被松开。若采用永久磁铁作为吸盘，则必须强制性取下工件。

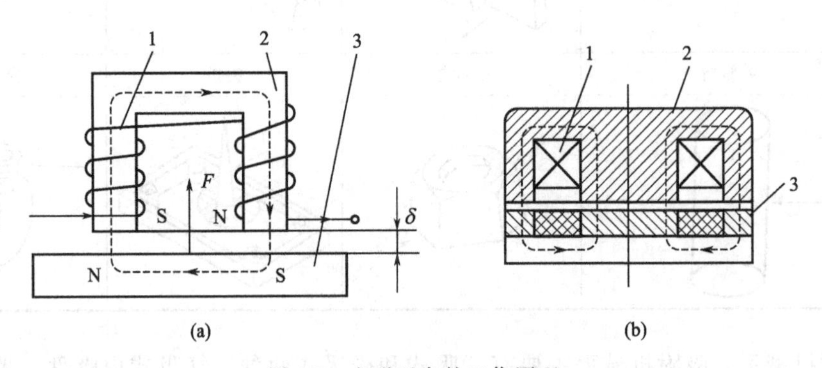

图 4-7 电磁吸盘的工作原理

1—线圈；2—铁芯；3—衔铁

③ 机器人灵巧手 机器人灵巧手从20世纪后半期开始成为机器人领域的热门研究方向之一。机器人灵巧手动作灵活、通用性强、感知能力丰富，能够实现满足几何封闭和力封闭条件的精确稳固抓取。图4-8所示为一机器人灵巧手结构。该手部工作原理如图4-9所示，在手指的运动过程中，当手指没有接触到物体时，整个手指绕基关节轴运动，当近指节接触到物体时，近指节停止运动，这时驱动力在克服中关节扭簧的作用下驱动另外两指节运动。当中指节又接触到物体时，中指节也停止转动，这时驱动力需要在克服中关节和远关节两处扭簧作用的情况下，驱动远指节运动，直到远指节也接触到物体，从而达到对物体的完全包络。

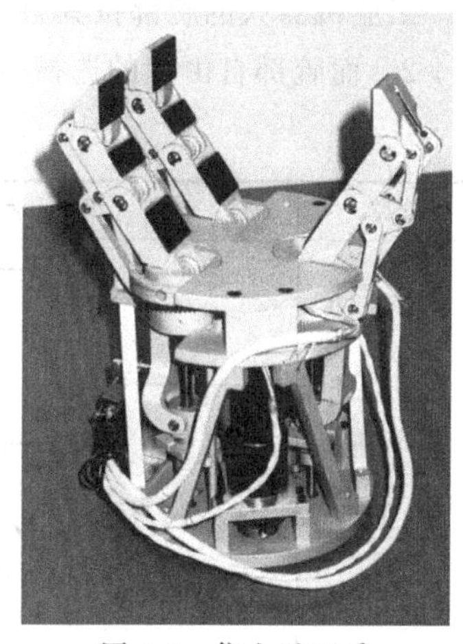

图4-8 仿人灵巧手

(2) 腕部

手腕是末端执行器同手臂之间的连接部件，主要用来调整手部的姿态，因此称为机器人的姿态机构。为使手部能处于空间任意方向，要求腕部能实现绕空间3个坐标轴的转动，如图4-10所示。

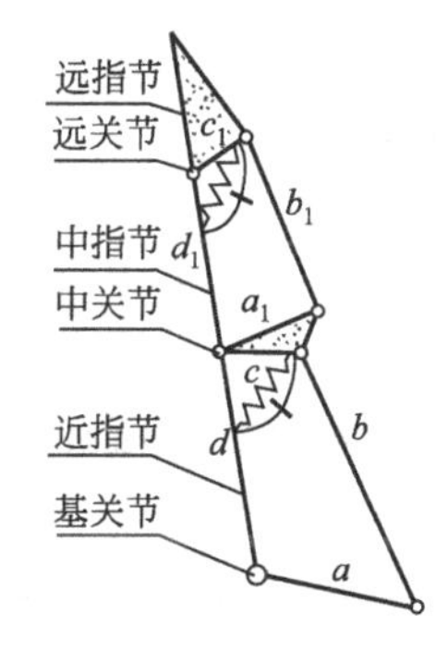

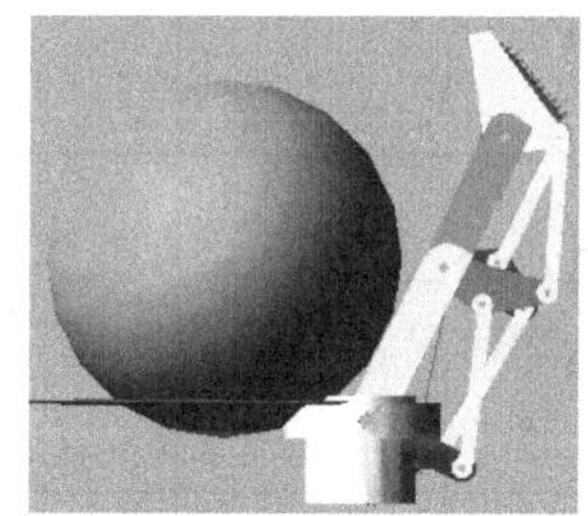

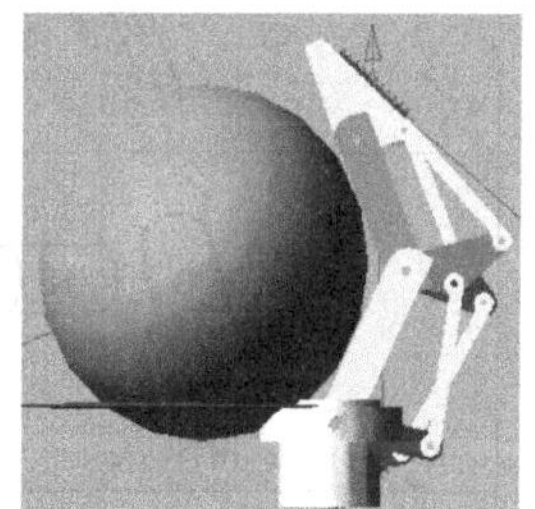

(a) 灵巧手指原理见图　　(b) 灵巧手指抓取过程

图4-9 灵巧手工作原理图

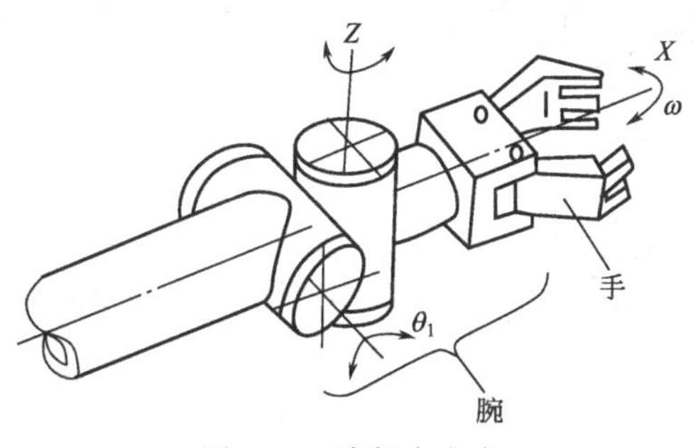

图4-10 腕部自由度

工业机器人的腕部按其自由度的数目可分为单自由度、二自由度以及三自由度手腕，见表 4-2。而腕部自由度的选择主要按照机器人的工作性能要求来确定。

表 4-2 腕关节自由度

分类	示意图	特点
单自由度手腕	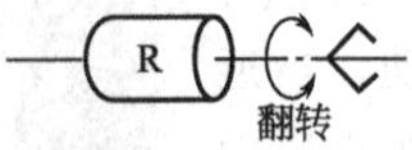 R 翻转	R 关节旋转角度大,可达到 360 度
	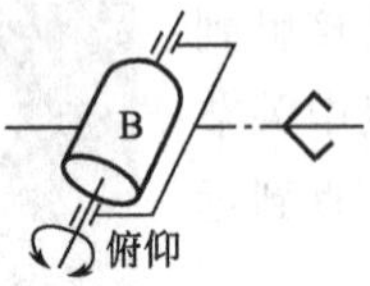 B 俯仰	B 关节关节轴线与臂部轴线相垂直,结构上存在干涉,因此旋转角度小
	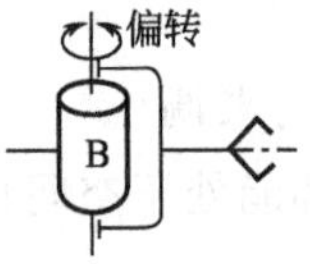 偏转 B	B 关节关节轴线与臂部轴线相垂直
	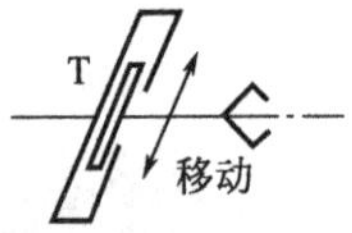 T 移动	T 关节为移动关节
二自由度手腕	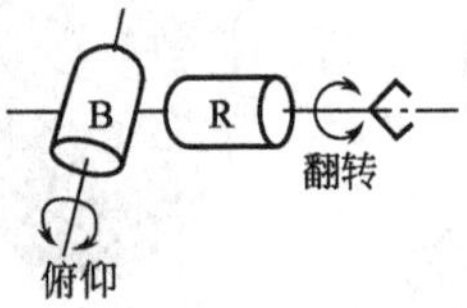 B R 翻转 俯仰	由一个 R 关节和一个 B 关节组成
	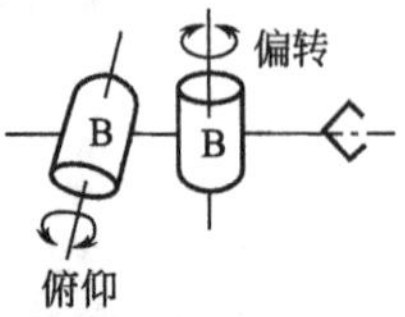 偏转 B B 俯仰	两个 B 关节组成
	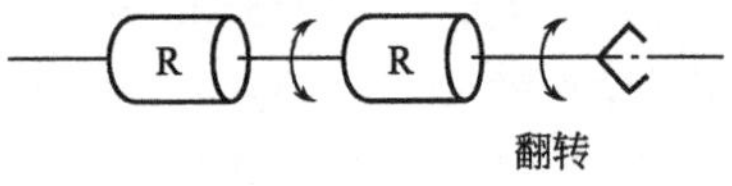 R R 翻转	两个 R 关节组成
三自由度手腕	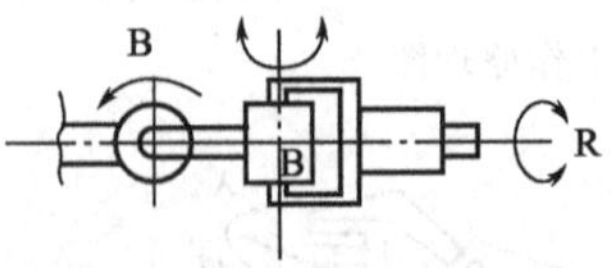 B B R	由 B 关节和 R 关节组成
	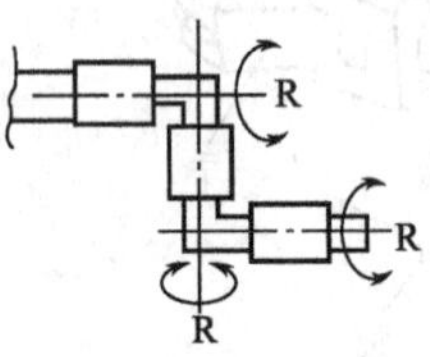 R R R	由 B 关节和 R 关节组成

续表

分类	示意图	特点
三自由度手腕	B R R	由 B 关节和 R 关节组成
	R B R	由 B 关节和 R 关节组成

图 4-11 为常见的二自由度手腕结构图。图中电动机安装在大臂上，经谐波减速器用两个链传动机构将运动传递到手腕轴 10 上的链轮 4、5，经链轮 4、轴 10、锥齿轮 9、11 带动轴 14 作旋转运动，实现手腕的回转运动。链轮 5 直接带动手腕壳体 8 作旋转运动，实现手腕的上下仰俯摆动。当链条 6 静止不动时，链条 7 单独带动链轮 5 转动，由于轴 10 不动，转动的手腕壳体迫使锥齿轮 11 作行星运动，即锥齿轮 11 随手腕壳体作公转，同时还绕轴 14 作自转运动。

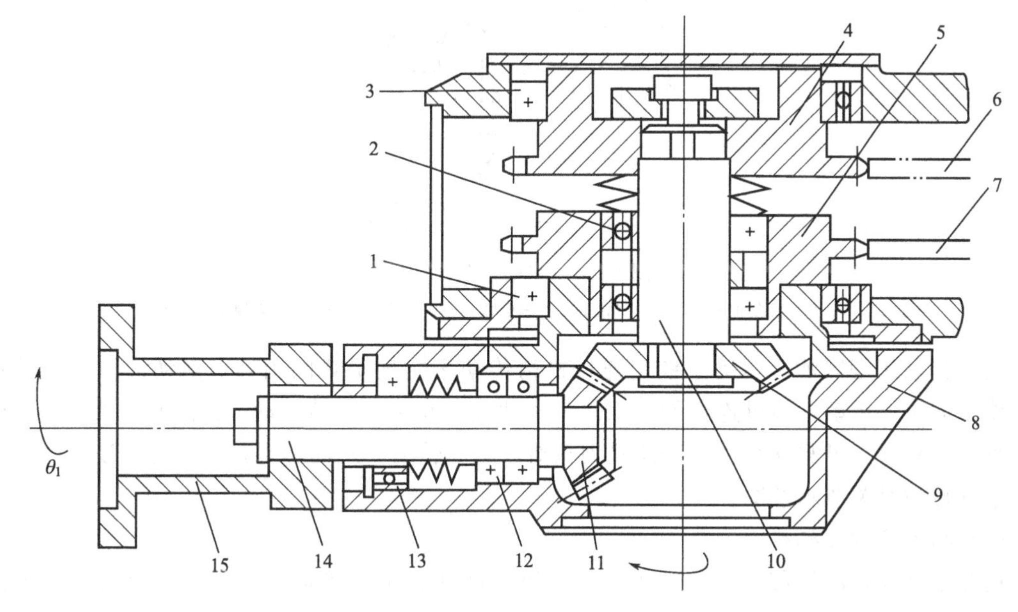

图 4-11　二自由度手腕结构

1、2、3、12、13—轴承；4、5—链轮；6、7—链条；8—手腕壳体 8；9、11—锥齿轮；10、14—轴；15—机械接口法兰盘

(3) 手臂

机械臂不仅用来支撑手部和腕部，还可改变整个机器人的工作空间的位置。因此机械臂的结构形式必须根据机器人的运动形式、抓取重量、运动的自由度以及定位精度等确定。通常对机械臂要求承载能力大、刚度高、导向性好、转动惯量小。机械手臂的运动通常有直线伸缩运动、回转运动两类。图 4-12 为双导向柱式螺母丝杠驱动机械臂直线运动示意图。

手臂的回转运动通常包括大臂绕肩关节的转动，以及小臂相对大臂绕肘关节的转动。图

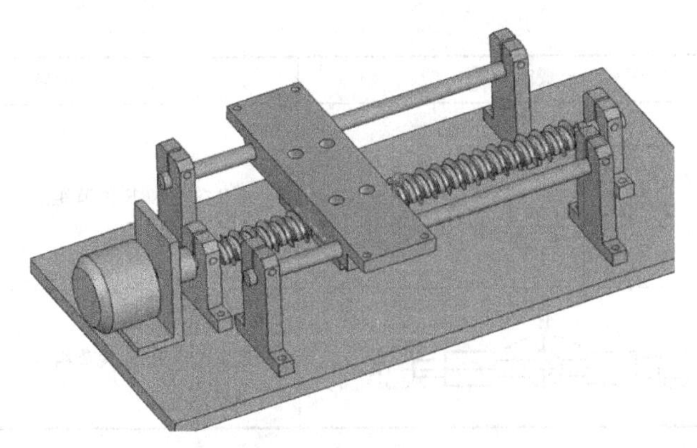

图 4-12　螺母丝杠驱动机械臂直线运动

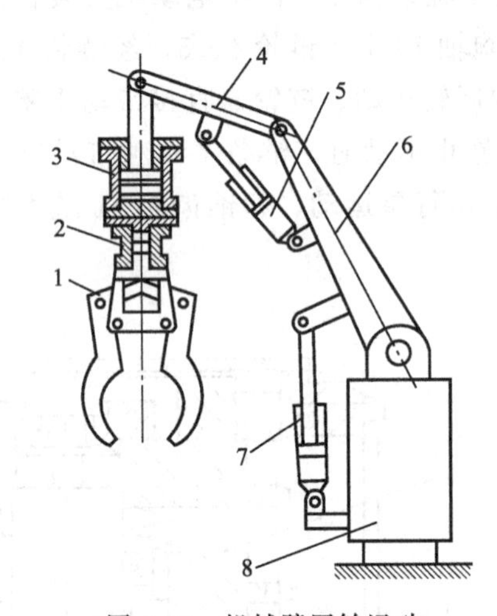

图 4-13　机械臂回转运动

1—手部；2—夹紧油缸；3—升降油缸；4—小臂；5,7—摆动油缸；6—大臂；8—立柱

4-13 所示为采用摆臂油缸驱动、铰链连杆机构传动来实现手臂的俯仰，摆动油缸 7 在液压油的作用下向上运动，通过连杆的作用便可驱动大臂 6 实现回转运动，油缸 5 受液压油的驱动作直线运动时，可驱动小臂 4 绕圆柱销相对大臂 6 转动，从而实现控制手的位姿。图 4-14 为采小臂转动肘关节示意图。

(4) 机身及行走机构

机身是支撑臂部的部件，一般可实现升降、回转、俯仰等运动。机身要求有足够的刚度，稳定性好，运动灵活。图 4-15 为机身回转运动示意图。

机器人分为固定式和行走式两种，随着原子能工业、太空探索、井下作业及水下作业的不断发展，近年来行走机构成为了机器人的研究热点之一。行走机构根据其结构分为车轮式、步行式、履带式以及六足式等几种。

4.2.2.2 驱动系统

机器人的驱动系统是直接驱使各运动部件动作的机构，对工业机器人的性能和功能影响很大。工业机器人的动作自由度多，运动速度较快，驱动元件本身大多是安装在活动机架(手臂和转台）上的。这些特点要求工业机器人驱动系统的设计必须做到外形小、重量轻、工作平稳可靠。另外，由于工业机器人能任意多点定位，工作程序能灵活改变，所以在一些

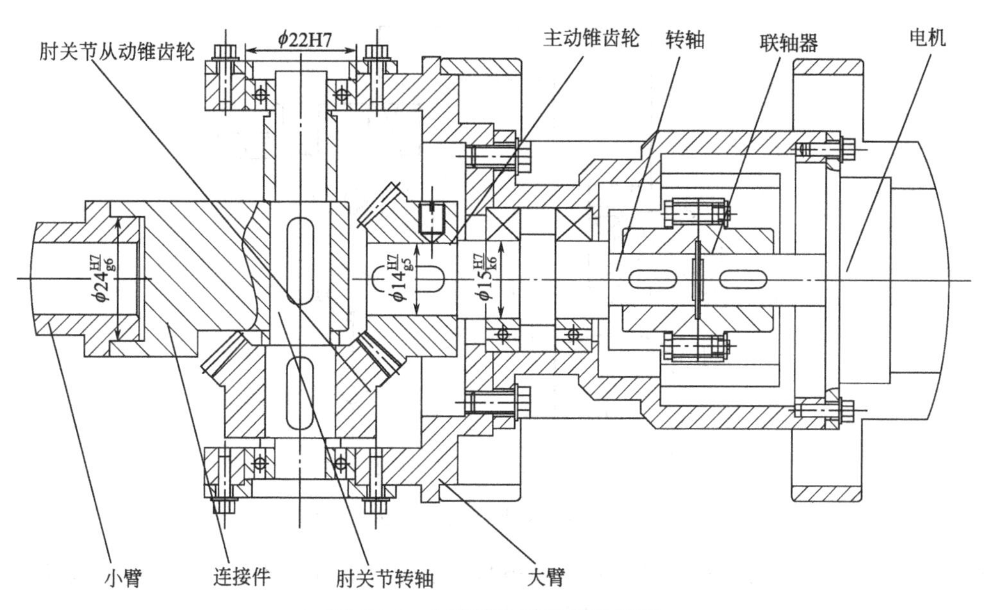

图 4-14 小臂转动肘关节示意图

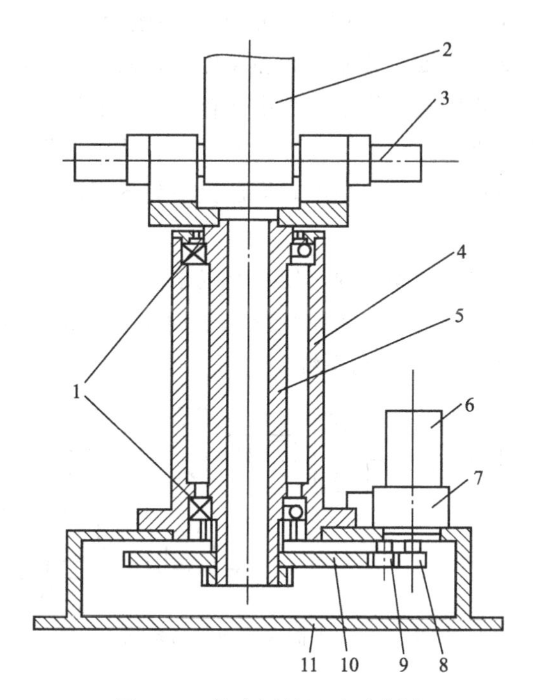

图 4-15 机身回转运动示意图

1—轴承；2—手臂；3、6—电机；4—机身；5—腰关节轴；7—谐波减速器；8、9、10—齿轮；11—基座

比较复杂的机器人中，通常采用伺服系统。

(1) *液压驱动*

液压驱动即利用液压油作为工作介质，通过液压系统将油液的压力能转化为机械能。液压系统通常由五部分组成：动力元件、执行元件、控制元件、辅助元件及液压油。图 4-16 为液压驱动机械手抓取工件示意图，电动机带动油泵输出压力油，将电动机供给的机械能转

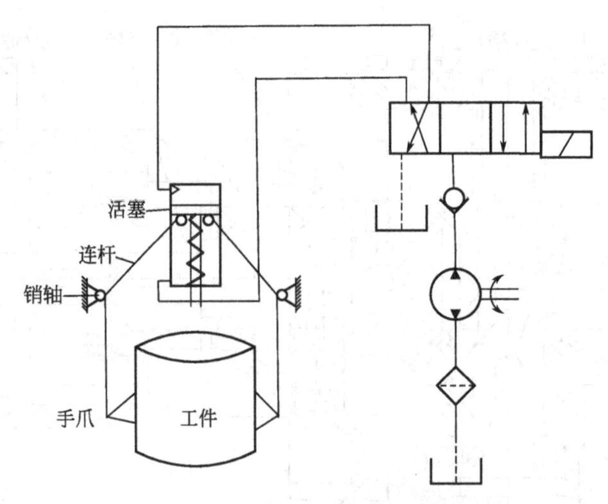

图 4-16　机械手抓取工件液压驱动系统

换成油液的压力能，压力油经过管道及一些控制调节装置等进入油缸，连杆向下运动，从而机械手松开工件，反之，当连杆在弹簧作用下向上运动时，夹紧工件。

液压驱动能得到较大的输出力矩，因此一般机械手搬运工件质量较大时使用该驱动系统。另外液压传动平稳，反应灵敏，其输出力和速度主要取决于油液的压力和流量，通过调整控制阀进行控制。缺点是液压油在使用过程中会存在泄漏的风险，因此不易保持操作机构的洁净；液压油对温度的变化敏感，由于外界温度升高，或由于操作机构工作时间过长都会引起液压有的温升，从而会降低油液的黏度，会加大泄漏的风险。

(2) 气动驱动系统

气动驱动系统采用压缩空气为动力源，压缩空气来源于压缩空气站，其工作原理同液压驱动相似。采用气动逻辑元件给自动控制系统提供了简单、经济、可靠和寿命长的新途径。图 4-17 为某机器人直线运动的气动驱动系统。

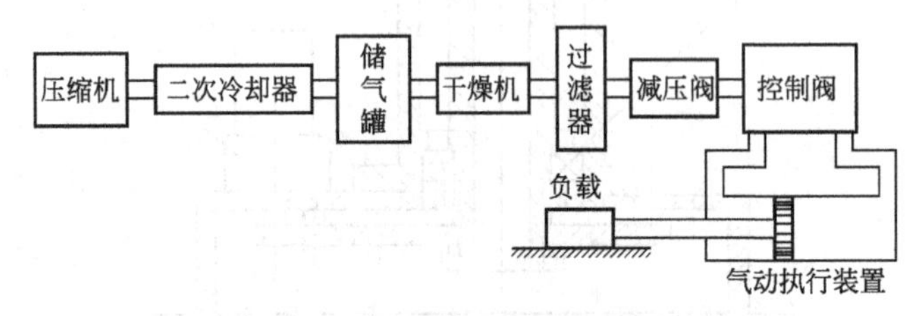

图 4-17　机器人气动驱动系统

(3) 电气驱动

电气驱动是利用各种电动机产生的力或力矩，直接或经过减速机构去驱动机器人的关节，以获得所要求的位置、速度和加速度。电动机驱动可分为普通交流电机驱动、交直流伺服电动机驱动和步进电动机驱动。普通交直流电机驱动需加减速装置，输出力矩大，但控制性能差，惯性大，适用于中型或重型机器人。伺服电动机和步进电动机输出力矩相对小，控制性能好，可实现速度和位置的精确控制，适用于中小型机器人。

工业机器人电机驱动原理如图 4-18 所示。工业机器人电动伺服系统的一般结构为三个闭环控制，即电流环、速度环和位置环。

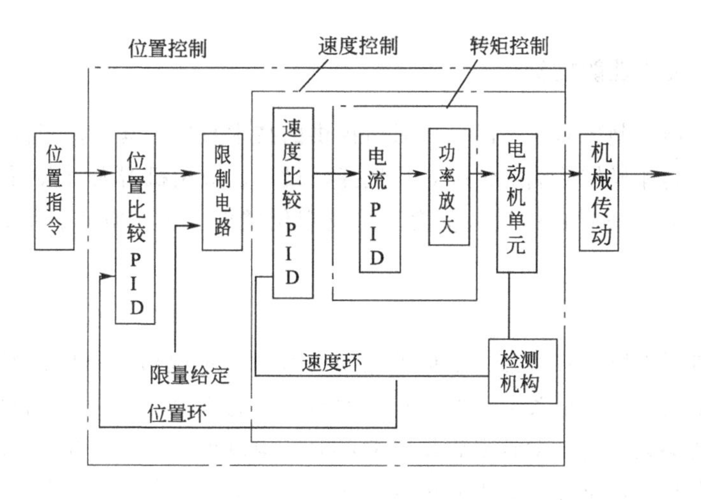

图 4-18 工业机器人电机驱动原理图

4.2.2.3 控制系统

机器人控制技术是在传统机械系统的控制技术的基础上发展起来的，由于机器人的关节结构是由连杆通过关节串联组成的空间开链机构，其各个关节间的运动是独立的，为了实现末端点的运动轨迹，需要多关节的运动协调。因此，机器人的控制虽然与机构运动学和动力学密切相关，但是比普通的自动化设备控制系统复杂得多。

工业机器人的控制实际上包含“人机接口”、“命令理解”、“任务规划”、“动作规划”、“轨迹规划”和“伺服控制”、“电流/电压控制”等多个层次，如图 4-19 所示。首先，机器人要对控制命令进行解释，把操作者的命令分解为机器人可以实现的任务（任务规划）；然后，机器人针对各个任务进行动作分解（动作规划）。为了实现机器人的一系列动作，应该对机器人的每个关节的运动进行设计（轨迹规划），最底层是关节运动的伺服控制。

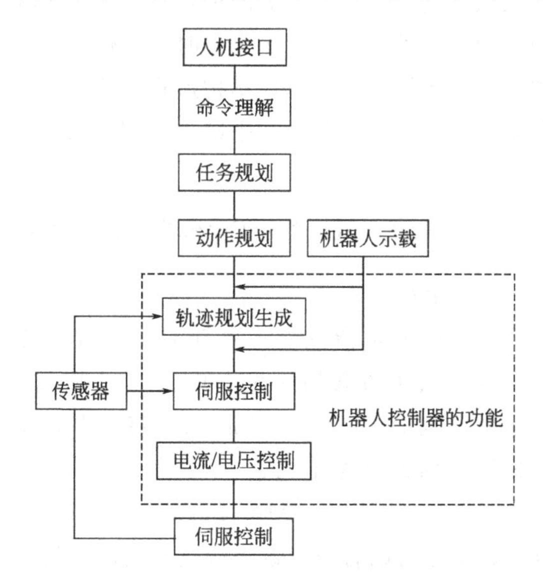

图 4-19 机器人控制过程图

4.2.3 工业机器人的性能指标

性能指标是机器人制造商在产品供货时所提供的技术数据，其反映了机器人在可胜任的工作中具有的各项具体操作性能等情况，是选择、设计、应用机器人时必须考虑的指标。机器人的主要性能指标一般有自由度、精度、重复定位精度、工作空间、承载能力及最大速度等。

(1) 自由度

自由度是指机器人所具有的独立坐标轴运动的数目，不包括末端执行器的开合自由度。机器人的一个自由度对应一个关节，所以自由度与关节的概念是相等的。自由度是表示机器人动作灵活程度的参数，自由度越多就越灵活，但结构也越复杂，控制难度越大，所以机器人的自由度要根据其用途设计。大于6个自由度称为冗余自由度。冗余自由度增加了机器人的灵活性，可方便机器人避开障碍物和改善机器人的动力性能。人类的手臂（大臂、小臂、手腕）共有7个自由度，所以工作起来很灵巧，可回避障碍物，并可从不同的方向到达同一个目标位置。

(2) 定位精度和重复定位精度

定位精度和重复定位精度是机器人的两个精度指标。定位精度是指机器人末端执行器的实际位置与目标位置之间的偏差，由机械误差、控制算法与系统分辨率等部分组成。重复定位精度是指在同一环境、同一条件、同一目标动作、同一命令之下，机器人连续重复运动若干次时，其位置的分散情况，是关于精度的统计数据。

(3) 工作空间

工作空间表示机器人的操作范围，它是机器人运动时手臂末端或手腕中心所能到达的所有点的集合，也称为工作区域。由于末端操作器的形状和尺寸是多种多样的，为真实反映机器人的特征参数，故工作空间是指不安装末端操作器时的工作区域。工作空间的大小不仅与机器人各连杆的尺寸有关，而且与机器人的总体结构形式有关。工作范围的形状和大小是十分重要的，机器人在执行某作业时可能会因存在手部不能到达的作业死区而不能完成任务。

(4) 最大工作速度

最大工作速度愈高，工作效率愈高。但是也对工业机器人的最大最小加速度的要求更高。

(5) 承载能力

承载能力是指机器人在工作中所能承受的最大质量。承载能力不仅取决于负载的质量，而且与机器人运行的速度和加速度的大小和方向有关。为安全起见，将承载能力这一技术指标确定为高速运行时的承载能力。

图 4-20　MA1400 焊接机器人

图4-20所示为一MA1400焊接机器人，表4-3为它的主要技术参数，从中可以看出，该焊接机器人由于其运动范围大，因此能够焊接更大范围内的焊缝；由于采用高质量的伺服电机，该机器人有较高的运动速度；此机器人有6个自由度，因此使用起来方便、灵活，且有较大的带负载能力。

表 4-3 焊接机器人主要技术参数

构造		垂直多关节型(6 自由度)
负载		3kg
重复定位精度		±0.08mm
动作范围	S 轴(旋转)	±170°
	L 轴(下臂)	+155°～－90°
	U 轴(上臂)	+190°～－170°
	R 轴(手腕旋转)	±150°
	B 轴(手腕摆动)	+180°～－45°
	T 轴(手腕回转)	±200°
最大速度	S 轴(旋转)	3.84rad/s,220°/s
	L 轴(下臂)	3.49rad/s,200°/s
	U 轴(上臂)	3.84rad/s,220°/s
	R 轴(手腕旋转)	7.16rad/s,410°/s
	B 轴(手腕摆动)	7.16rad/s,410°/s
	T 轴(手腕回转)	10.65rad/s,610°/s

工业机器人可分为以下几种。

(1) 搬运机器人

搬运机器人的速度、精度、稳定性、载荷等都比较高，可以满足大部分行业对产品货物搬运的要求。现在普遍为搬运机器人加上了视觉定位系统，从而实现智能化和柔性化生产。并联机器人负载能力较低，但速度极高，因此经常用于生产线上小件零件的上下料和堆放，可以大大提高生产速度。

(2) 铸造机器人

铸造机器人可以在高温、高粉尘、振动、油污、噪声及电磁干扰的恶劣环境中工作，可完成制芯、造型、清理、机加工、检验、表面处理、转运及码垛等工作。

(3) 焊接机器人

焊接机器人是目前应用最广泛的一类工业机器人，可以在焊接生产领域完全代替焊工从事焊接任务。焊接机器人中有的是为某种焊接方式专门设计的，大多数的焊接机器人是在通用工业机器人上装上某种焊接工具而构成的。由于机器人的运动较人工更加平稳，因此焊接机器人的焊接质量也较稳定。新型焊接机器人可满足在 0.3s 内完成 50mm 长焊缝的焊接任务的要求，极大地提高生产效率。

(4) 喷涂机器人

喷涂机器人大量应用在汽车、家具、电器以及搪瓷等行业。喷涂机器人可以适应恶劣环境。喷涂机器人采用密封设计，自由度大，速度快、工作空间运行灵活，可完成复杂运行轨迹的运行操作。

(5) 锻造机器人

锻造加工车间的高温、震动、噪声、粉尘、金属飞溅物等恶劣工作环境使得众多企业面临招工难，人力成本上升的困境。鉴于此，锻造机器人应运而生。图 4-21 所示为锻造机器人示意图。锻造机器人配备有夹持手，用于夹持零件，夹钳动作快速平稳，夹紧块用热作模具钢制造，可夹持温度达 1200～1300℃的坯料，运转自如，工作性能稳定可靠，可完成上下件、夹紧、松开、前后移动、升降、翻转等动作。

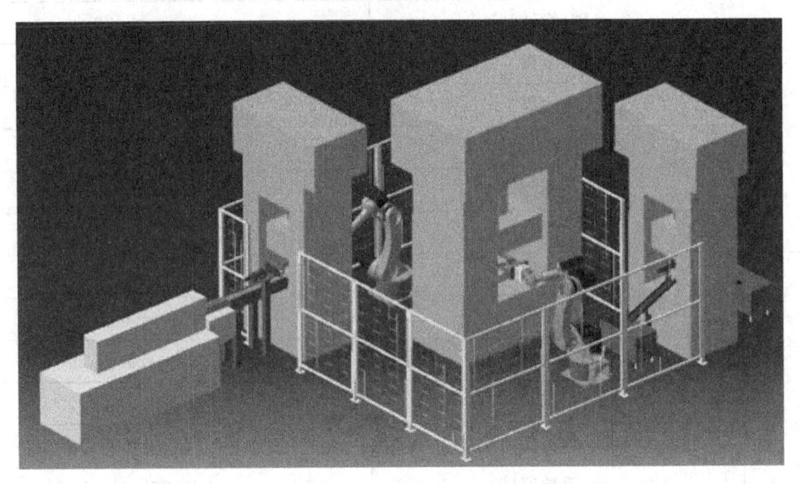

图 4-21　锻造机器人

(6) 机床上下料机器人

在加工轮毂等大型零件时，由于加工件数量大，机床几乎要 24 小时运行，可采用上下料机器人来自动上料和下料，根据加工零件的形状及加工工艺的不同来采用不同的抓取系统。图 4-22 所示为上下料机器人。

图 4-22　上下料机器人

(7) 装配机器人

采用装配机器人参与自动化装配过程，可有效提高生产线效率，减少劳动强度、增加生产柔性。图 4-23 所示为装配机器人示意图。

(8) 激光加工机器人

激光加工机器人是将机器人技术应用于激光加工中，通过高精度工业机器人可以实现柔性激光加工作业。激光加工机器人可以利用 CAD 数据直接进行加工，常用于工件的激光表面处理、打孔、焊接和模具修复等。

(9) 真空机器人

真空机器人是一种在真空环境下工作的机器人，主要应用于半导体工业中，实现晶圆在

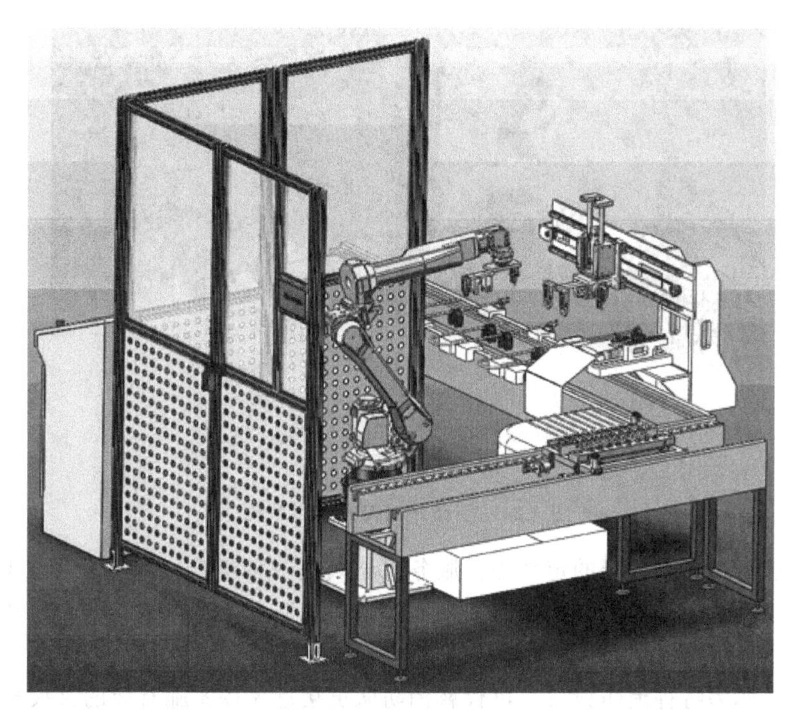

图 4-23 装配机器人

真空腔室内的传输。真空机械手是半导体装备的关键部件，也是我国半导体设备整机装备制造业的攻关技术。

(10) 空间机器人

随着航天技术的发展，人类在太空的活动越来越多，大量的空间舱作业需要完成，如大型空间站的搭建、维护及服务，卫星的捕获、释放、回收和维修，空间垃圾的清理，科学实验载荷的布置，星球表面探测等等。如果所有这些工作都依靠宇航员来完成，将十分高昂，也是十分危险的，因为恶劣的太空环境会给宇航员的空间作业带来巨大的威胁。而空间机器人代替宇航员进行太空作业，不仅可以使宇航员避免在恶劣太空环境中工作时可能受到的伤害，还可以降低成本，提高空间探索的效益。因此，美国、日本、加拿大、德国等都加大力度支持空间机器人在轨服务技术的研究。我国从 20 世纪 90 年代开始也进行了大量的研究，在空间机器人运动学与动力学建模、规划与控制、地面实验系统等方面取得了许多研究成果。图 4-24 是加拿大研制的空间站远程遥操作臂系统，它由一个 17 米长的 7 自由度操作臂和安放在其末端的一个小型双臂机器人组成，该操作臂可以在轨道上移动并进行装配维修等工作。

农业机器人是一种新型的智能农业机械装备，它是人工智能监测、自动控制、图像识别技术、环境建模算法、感应技术、柔性技术等先进技术的集合。目前一些机器人已经可以取代人工进行一定的农业活动，如田间及温室喷洒农药，部分作物收获及分选作业，高处采摘等。农业机器人的出现将会极大地改变传统农业的劳作模式，降低对大量劳动力的依赖，促进传统农业向现代农业的转变。目前农业机器人有水果嫁接机器人、花卉扦插机器人、蔬菜水果采摘机器人、播种机器人、收获机器人以及施肥、喷药、除草机器人等。

服务机器人主要从事维护保养、修理、运输、清洗、保安、救援、监护等工作。国际机

图 4-24 空间站遥控操作器系统

器人联合会给服务机器人初步的定义为：服务机器人是一种半自主或全自主工作的机器人，它能完成有益于人类健康的服务工作。例如大楼清洗机器人是以爬壁机器人为基础开发出来的，采用的是负压吸附方式。磁吸附爬壁机器人也已在我国问世，并已在大庆油田得到了应用。消防机器人作为特种消防设备，可代替消防队员接近火场实施有效的灭火救援、化学检验和火场侦察，提高消防部队扑灭特大恶性火灾的能力，对减少财产损失和灭火救援人员的伤亡产生重要的作用。攀登营救机器人能沿着从建筑物顶部放下来的钢丝绳自己用绞车向上提升，然后利用负压吸盘在建筑物上自由移动，可以爬 70m 高的建筑物。医疗服务机器人技术是集医学、生物力学、机械学、力学、材料学、计算机图形学、计算机视觉、数学分析、机器人等诸多学科为一体的新型交叉研究领域，具有重要的研究价值，在军用和民用领域有着广泛的应用前景，是目前机器人领域的研究热点之一，它主要用于伤病员的手术、救援、转运和康复等。医疗服务机器人分为手术机器人、康复机器人、护理机器人、救援机器人与转运机器人等。

工业机器人是近代自动控制领域中出现的一项新技术，并成为现代机械制造中的一个重要组成部分，工业机器人可以显著地提高劳动生产率，加快实现工业生产自动化的步伐。工业机器人在高温、高压、粉尘、噪声以及带有放射性和污染的场合应用得更为广泛，因而受到各先进工业国家的重视，各先进工业国投入大量人力物力加以研究和应用。随着工业自动化技术的不断发展，机器人具有以下发展趋势。

(1) 智能化

目前研制的智能机器人智能水平并不高，智能机器人的研究仅仅处于初级阶段。智能机器人研究的核心问题有两个，一个是如何提高智能机器人的自主性，即希望智能机器人进一步独立于人，具有更为友善的人机界面，而减少人对机器人的操作，人只需给出任务，机器人即可根据任务要求自动形成完成该任务所需的步骤，并根据该步骤自动完成任务，而不需要人来给出任务步骤；另一个是提高智能机器人的适应性，即提高智能机器人适应环境变化的能力，加强机器人与环境之间的交互关系。智能机器人涉及到许多关键技术，例如多传感信息耦合技术，导航和定位技术等，这些技术关系到智能机器人的智能性的高低。智能机器人中的各种新型传感器如超声波触觉传感器、静电电容式距离传感器、基于光纤陀螺惯性测量的三维运动传感器，以及具有工件检测、识别和定位功能的视觉传感器等相继出现，能够保证输入信息的准确性和可靠性，提高智能机器人系统获取环境信息并做出决策的能力。多传感信息耦合技术可以将来自多个传感器的感知数据进行综合，以产生更可靠、更准确、更全面的信息，更加完善、精确地反映检测对象的特性，消除信息的不确定性，提高信息的可靠性。在多传感集成和融合技术研究方面，人工神经网络特别引人注目，这方面的研究成果也层出不穷。例如日本三菱电气公司提出了一种新的定位误差补偿方法，该法引入前馈分层神经网络，应用人工神经网络的非线性映射功能补偿一般方法无法补偿的误差因素，有效地解决了工业机器人的运动学误差补偿问题，该研究成果荣获日本工业机器人协会研究开发奖。

(2) 模块化

机器人的结构应力求紧凑，其关键部件甚至全部机构的设计已向模块化、可重构方向发展；其驱动采用交流伺服电机，向小型方向发展；其控制装置向小型化和智能化发展。机器人软件的模块化则简化了编程，提高了机器人控制系统的适应性。例如日本日产公司的智能型车身焊接和装配系统由于其软件采用模块化设计技术，因而功能很强。

(3) 微型化

目前世界上已经开发出手指大小的微型移动机器人，可进入小型管道进行检查作业。预计未来将生产出毫米级大小的微型移动机器人和直径为几百微米甚至更小（纳米级）的医疗机器人，可让它们直接进入人体器官进行各种疾病的诊断和治疗。微型驱动器是开发微型机器人的基础和关键技术之一，它将对精密机械加工、现代光学仪器、超大规模集成电路、现代生物工程、遗传工程和医学工程产生重要影响。微型机器人在上述工程中将大有用武之地。在微型驱动器的研究方面，我国的研究成果处于国际先进水平。微型机器人足球比赛系统是这方面的成功应用范例之一。在大中型机器人微型机器人系列之间，还有小型机器人。小型化也是机器人发展的一个趋势。小型机器人移动灵活方便，速度快，精度高，适于进入大中型工件进行直接作业。比微型机器人还要小的超微型机器人，应用纳米技术，将用于医疗和军事侦察目的。

(4) 高精度、高速度

日本松下电器公司研制的焊接机器人能在最小的空间内进行高精度高速度的焊接操作，其内部的旋转弧传感器担任了重要的角色，使机器人能够跟踪零部件配合处的沉积物，进行高质量的焊接。

(5) 标准化

机器人的标准化工作是一项十分重要而艰巨的任务，机器人的标准化有利于制造业的发展。目前不同厂家的机器人之间很难进行通信和零部件互换，这主要不是因为技术层面的问题，而是不同企业之间的认同和利益问题。

4.3 柔性制造技术

为了解决在保证产品质量的前提下缩短产品生产周期，降低产品成本，使中小批量生产能与大批量生产抗衡的问题，柔性制造技术应运而生。柔性制造技术是在计算机统一控制下，由自动装卸与输送系统将若干台数控机床或加工中心连接起来构成的一种适合于多品种、中小批量生产的先进制造技术。

1967年，英国莫林斯公司开始研制模块化结构的多工序数控机床柔性制造系统，目标是在无人看管条件下实现昼夜24小时连续加工，但最终由于经济和技术上的困难而未全部建成。同年，美国的怀特·森斯特兰公司建成加工中心和多轴钻床组合式柔性制造系统，工件被装在托盘上的夹具中，按固定顺序以一定节拍在各机床间传送和进行加工。这种柔性自动化设备适于在少品种、大批量生产中使用，在形式上与传统的自动生产线相似，所以也叫柔性自动线。1976年，日本发那科公司展出了由加工中心和工业机器人组成的柔性制造单元，为发展柔性制造系统提供了重要的设备形式。柔性制造单元一般由多台数控机床与物料传送装置组成，有独立的工件储存站和单元控制系统，能在机床上自动装卸工件，甚至自动检测工件，可实现有限工序的连续生产，适于多品种小批量生产。1982年，日本发那科公司建成自动化电机加工车间，由60个柔性制造单元（包括50个工业机器人）和一个立体仓库组成，另有两台自动引导台车传送毛坯和工件，此外还有一个无人化电机装配车间，它们都能连续24小时运转。这种自动化和无人化车间是向实现计算机集成的自动化工厂迈出的重要一步，柔性制造系统技术逐步形成。

一个理想的柔性制造系统应具备多方面的柔性，主要包括以下方面。

（1）设备柔性

指系统中的加工设备具有适应加工对象变化的能力。当加工对象的品种变化时，加工设备应能自动更换所需刀具、夹具、辅具的准备。

（2）工艺柔性

指系统能以多种方法加工某一工件的能力。工艺柔性也称加工柔性或混流柔性，其衡量指标是系统不采用成批生产方式而能同时加工的工件品种数。

（3）产品柔性

产品柔性也称反应柔性，衡量产品柔性的指标是系统从加工一类工件转向加工另一类工件时所需的时间。

（4）工序柔性

指系统改变加工顺序的能力。其衡量指标是系统以实时方式进行工艺决策和现场调度的水平。

（5）运行柔性

指的是系统处理其局部故障并并维持继续生产的能力。其衡量指标是系统发生故障时生产率的下降程度或处理故障所需的时间。

（6）批量柔性

指系统在成本核算上能适应不同批量生产的能力。其衡量指标是系统保持经济效益的最小运行批量。

（7）扩展柔性

指系统能根据生产需要方便地扩展规模的能力。其衡量指标是系统可扩展的规模大小和难易程度。

上述各种柔性是相互影响、密切相关的，一个柔性制造系统柔性越强，其加工能力和适应性越强，但过度的柔性会增加投资，造成不必要的浪费，所以应当首先对系统的加工对象作科学的分析，确定适当的柔性。

柔性制造系统主要由三个子系统组成，如图 4-25 所示。

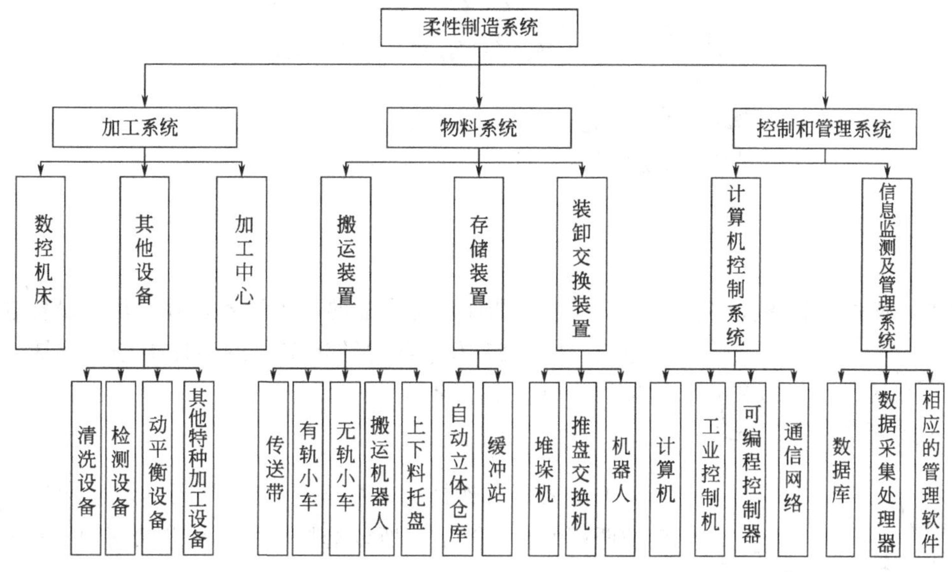

图 4-25 柔性制造系统组成

(1) 加工系统

加工系统主要用于完成零件的加工，是柔性制造系统的主体部分。加工系统一般由两台以上的数控机床以及清洗设备、检测设备、动平衡设备和其他特种加工设备等组成。加工系统的性能直接影响着柔性制造系统的性能，加工系统在柔性制造系统中是耗资最多的部分。

(2) 物流系统

该系统包括运送工件、刀具、夹具、切屑及冷却润滑液等所需的搬运装置、存储装置和装卸交换装置。搬运装置有传送带、有轨小车、无轨小车、搬运机器人、上下料托盘等；存储装置主要由设置在搬运线始端或末端的自动仓库和设在搬运线内的缓冲站构成，用以存放毛坯、半成品或成品；装卸与交换装置负责物料在不同设备或不同工位之间的交换或装卸，常见的装卸与交换装置有托盘交换器、换刀机械手、堆垛机等。

(3) 控制和管理系统

柔性制造系统的控制与管理系统是在加工过程及物料流动过程中进行控制、协调、调度、监测和管理的信息流系统，它由计算机、工业控制机、可编程序控制器、通信网络和相应的控制与管理软件构成，是柔性制造系统的神经中枢，也是各子系统之间的联系纽带。

以常见连杆的柔性制造为例，连杆的结构多种多样，如图 4-26 所示，考虑到多品种小批量连杆零件生产具有产品品种的多样性、生产能力的适应性、环境条件的多变性、生产的复杂性、生产计划的困难性、生产管理的动态性等特点，构建其柔性制造系统非常重要。

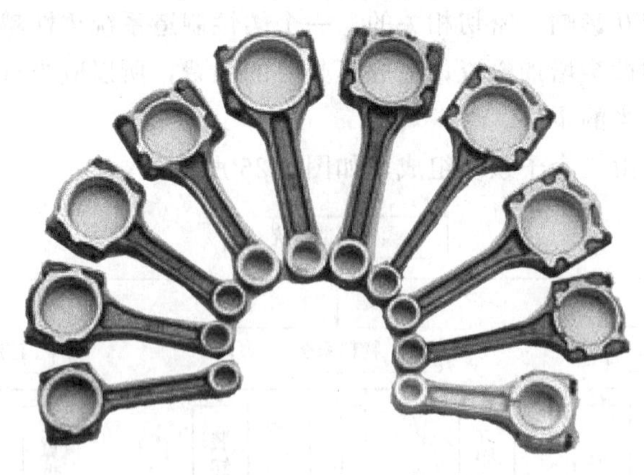

图 4-26　常见连杆

首先，通过分析该类零件的加工工艺，选择确定合适的加工设备，并对加工设备进行合理布局。图 4-27 为连杆的结构图，由零件图分析可知，该类零件的一般加工工序如下。

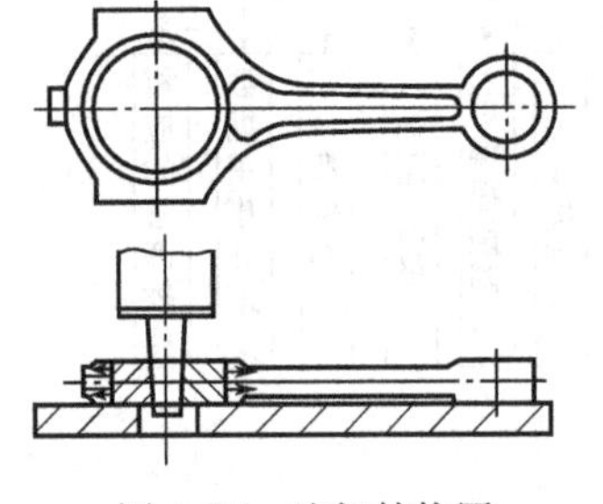

图 4-27　连杆结构图

(1) 粗基准的选择

加工表面为连杆的重要表面，要保证其余量均匀，因毛坯的两端面也较光洁，所以选择大、小头孔两端面为粗基准。

(2) 精基准的选择

应遵守基准重合原则，减少因基准不重合而引起的定位误差，选择半精加工后的两端面和半精加工后的大小头孔作为精基准。

该柔性制造系统接收到上一级控制系统的生产信息和技术参数后，按照物流系统控制程序进行有序控制。如图 4-28 所示，该柔性制造系统采用三级控制：第一级为管理级；第二级为系统控制级；第三级为设备控制级。物料存储是按照生产零件类型进行储存的，而不同零件的装夹则是根据零件的加工工序、定位夹紧方式来选择相应的夹具。毛坯的随行夹具是由传送系统输出；工业机器人或自动装卸机是按照信息系统的指令和工件及夹具的编码信息，自动识别和选择所装卸的工件及夹具，并将其装夹到相应的加工中心上。加工程序识别装置是根据送来的工件及加工程序编码，选择加工所需要的加工程序、刀具及切削参数，对

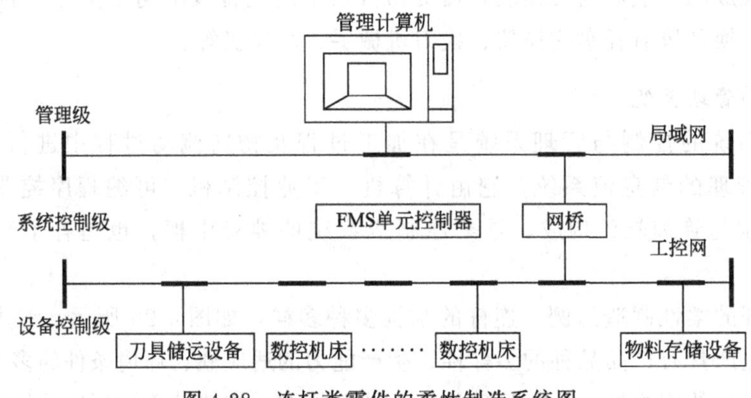

图 4-28　连杆类零件的柔性制造系统图

工件进行加工。加工完成，按照信息系统发送的控制信息转换程序，并进行检验，加工工序全部完成以后，物流设备把零件运送至自动化仓库成品区，与此同时，储存零件检测信息和加工过程信息，夹具和托盘送至夹具库。系统工作原理框图如图 4-29 所示。

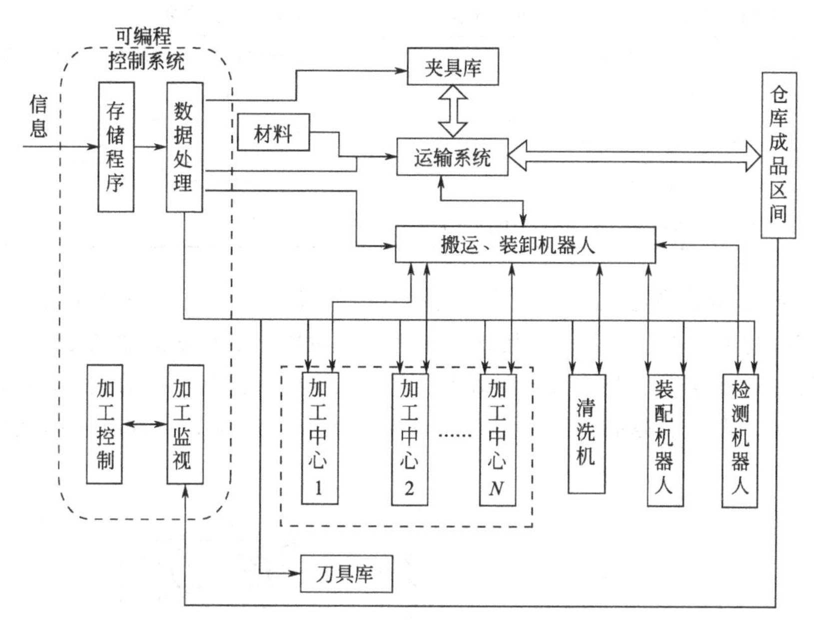

图 4-29 连杆类零件柔性制造系统工作原理图

4.4 3D 打印技术

3D 打印技术是指依据计算机几何模型自动地打印出具有一定结构形状的零部件产品的技术。3D 打印技术是近三十年来世界制造技术领域的一次重大突破，被称为具有工业革命意义的制造技术。

3D 打印技术可被归类为快速成型技术。按照现代成形学的观点，可把成形方式分为去除成形、堆积成形、受迫成形、生长成形。去除成形是运用分离的方法，把一部分材料（余量材料）有序地从基体上去除而成形的方法，传统的车、铣、刨、磨等加工方法就是典型的去除成形方法。堆积成形是把材料有序地合并堆积连接起来的成形方法。受迫成形是利用材料的可成形性（如塑性等）在特定外部约束力下成形的方法，传统的锻压、铸造和粉末冶金等均属于受迫成形。生长成形是利用材料的活性进行成形的方法，自然界中生物个体生长均属于生长成形，随着活性材料、仿生学、生物化学、生命科学的发展，生长成形方式将会得到很大发展。3D 打印技术属于堆积成形的一种，其流程图见图 4-30。

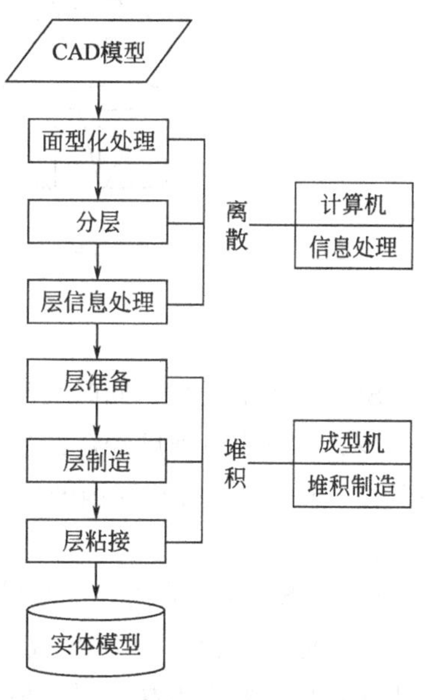

图 4-30 3D 打印流程图

常见的 3D 打印技术及基本材料见表 4-4。

表 4-4 常见 3D 打印技术及所用材料

成型技术	基本材料
SLS 选择性激光烧结(Selective Laser Sintering)	热塑性塑料、金属粉末、陶瓷粉末
DMLS 直接金属激光烧结(Direct Metal Laser Sintering)	几乎任何合金
FDM 熔融沉积(Fused Deposition Modeling)	热塑性塑料,共晶系统金属、可食用材料
SLA 光固化(Stereolithography)	光敏树脂
EBM 电子束熔化(Electron Beam Melting)	钛合金
SHS 选择性热烧结(Selective Heat Sintering)	热塑性塑料粉末
PP 粉末层喷胶 3D 打印(Powder Bed and Inkjet Head 3D Printing)	石膏粉末

其中 SLS 技术是美国德克萨斯大学奥斯汀分校研究成功的，它的原理是将材料粉末铺洒在已成形零件的上表面，并刮平或用棍碾压平，然后用一定功率的激光在刚铺的新层上扫描，粉末材料在高强度的激光作用下烧结在了一起，这样就得到零件的截面，同时与下面已成形的部分粘接，当一层截面烧结完成后，铺上新的一层粉末，再次有选择地烧结下层截面，如图 4-31 所示。

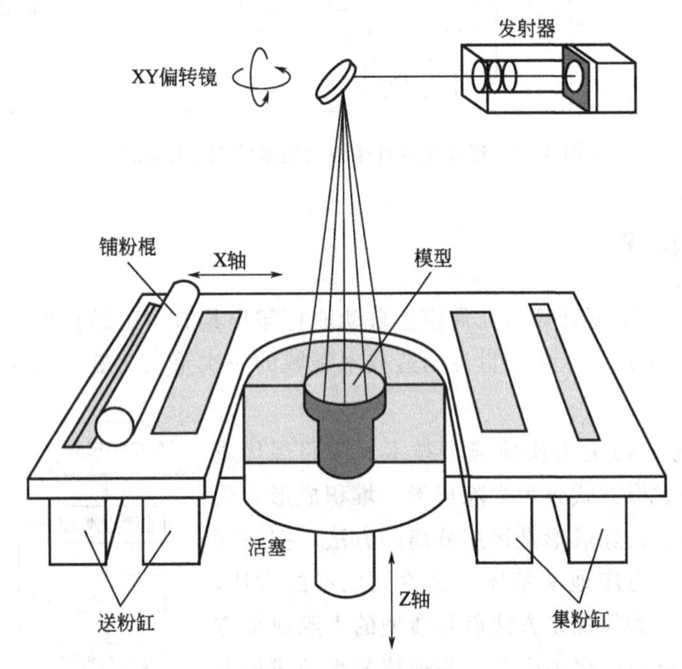

图 4-31 SLS 原理图

SLS 技术精度高，同时高温成形又可使模型具有很高的结构强度，所以具有很大的优势，该成型技术目前已经广泛应用于航空、医疗、汽车制造等领域，如图 4-32 所示。美国的 F22、F35 战斗机和我国的歼 20 战斗机的制造中都应用了这一技术来制造大型钛合金承力构件。

由于 SSL 技术能耗大，对材料和工作环境要求高，同时设备成本高，所以并不适合于民用。目前金属粉末的 SLS 成形主要分为间接法和直接法两种。间接法具有烧结速度快、对激光器功率要求不高、对环境要求较低等优点，可极大降低生产成本和设备成本；间接法

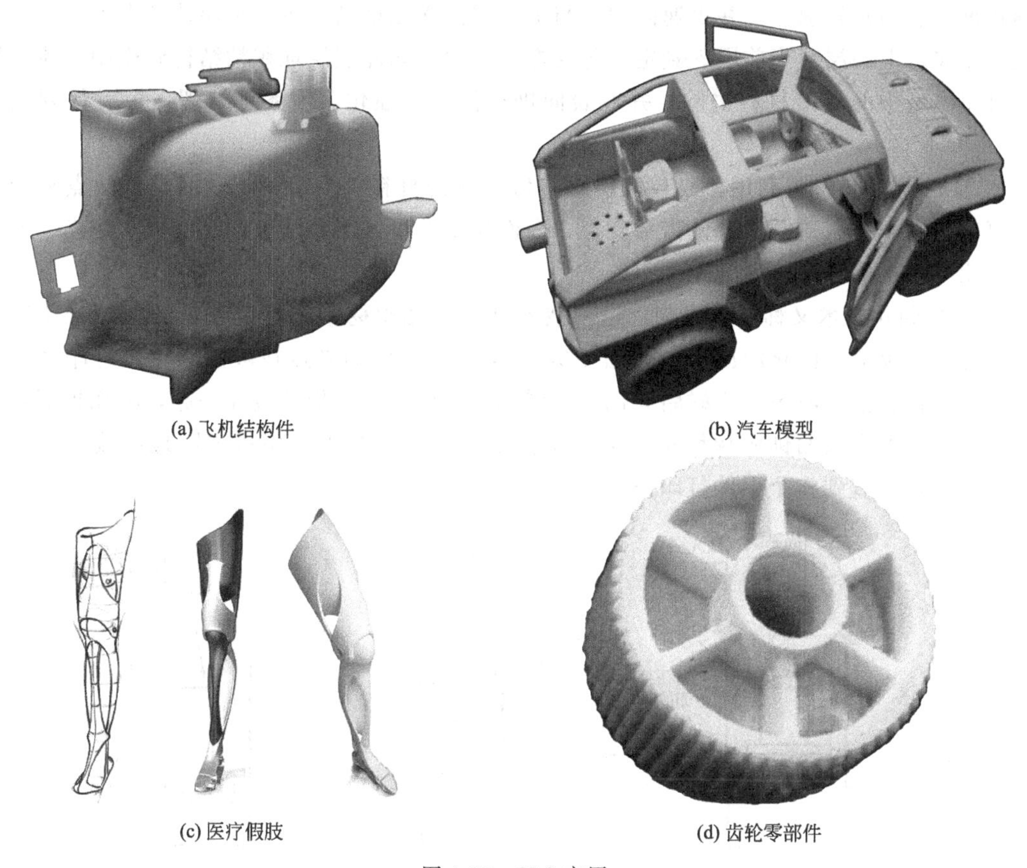

图 4-32 SLS 应用

的主要缺点是工艺周期长，后续处理中零件的尺寸和形状精度会有所降低，直接法则克服了这些缺点，但直接法的最大缺点是因产生的组织结构多孔导致制件密度低，力学性能差。

FDM 熔融沉积技术也是先把 3D 模型薄片化，但这种方法是先把材料加热成液态，然后通过喷嘴挤压出一个个很小的球状颗粒，这些颗粒在喷出后立即固化，通过这些颗粒在立体空间的排列组合形成实物。这种技术成形精度更高，实物强度更高，但是成形后表面粗糙。FDM 熔融沉积技术原理如图 4-33 所示，成形材料与支撑材料一般都事先加工成为丝材，并由送料机构送至各自对应的喷丝头，然后在喷丝头中被加热至熔融状态，打印头在控制代码指挥下按照模型切片的轮廓做平面层扫描运动。在打印平台上经喷头挤出的熔融体均

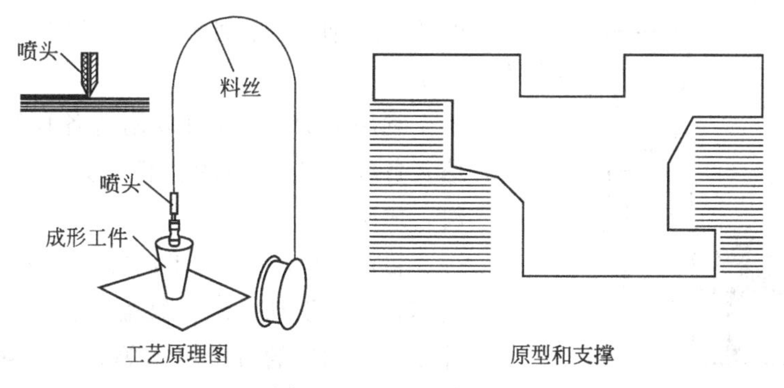

图 4-33 FDM 原理图

匀铺在每一层切片轮廓上，并迅速固化，与上一层截面相粘结。每一个层片都在上一层上进行堆积而成，上一层对当前层起到定位与支撑的作用，如此层层堆积粘结得到模型实体。最后将打印模型中的支撑材料去除，并对表面进行抛光、强化、喷漆等处理，最后得到成品模型。

FDM 的优点是材料利用率高，材料成本低，可选材料种类多，工艺简洁。缺点是精度低，复杂构件不易制造，悬臂件需加支撑，表面质量差。该工艺适合产品的概念建模及形状和功能测试，不适合制造大型零件。

SLA 光固化技术又称立体光刻，这项技术利用了光敏树脂在特定波长的紫外光照射下会发生光聚合反应而固化的原理。如图 4-34 所示，聚焦后的光点在液面上按照打印系统生成的扫描路径扫描，液态光敏树脂固化为一层二维薄层并与托板粘接在一起，将托板下降一层，并在该层的上表面铺满树脂进行第二层扫描固化，这样第二层将牢固地粘接到第一层上。如此重复，直到整个零件打印完毕。

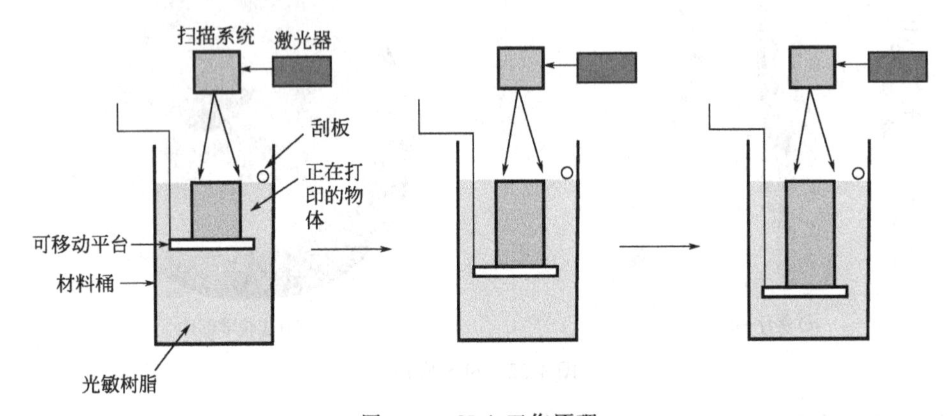

图 4-34　SLA 工作原理

SLA 光固化技术成形精度高，但由于设备成本较高，材料的毒性较大，所以其应用范围受到一定的限制。

EBM 电子束熔化成形技术与激光选区烧结工艺类似，它利用金属粉末在电子束的轰击下部分熔化的原理实现分层扫描烧结。首先在铺粉平面上铺展一层粉末；然后，利用电子束在计算机的控制下按照截面轮廓的信息进行有选择的烧结，金属粉末在电子束的轰击下被烧结在一起，并与下面已成型的部分粘结，如此层层堆积，直至整个零件全部烧结完成；最后去除多余的粉末，便可得到所需的三维产品，如图 4-35 所示。

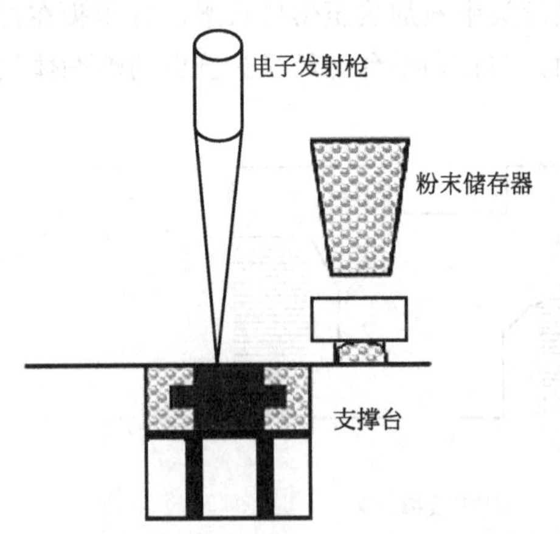

图 4-35　EBM 工作原理

利用 EBM 技术可以制造各种结构件，尤其是修复各种结构复杂的构件，其优点是比较节省材料，成本较低。

目前，3D 打印技术已在牙齿制模、骨骼修复、汽车开模、发动机缸体缸盖模具制造、飞机结构件等复杂结构件的直接打印等方面得到广泛应用。彪马公司利用 3D 打印系统制造运动鞋模，生产时间缩短四分之三。我国已成为继美国之后的世界上第二个掌握飞机钛合金结构件激光快速打印技术的国家，目前已制造出激光快速成型工程化成套设备，能打印出目前世界上可打印尺寸最大的飞机钛合金大型结构件，目前用该设备已打印出我国自主研发的大型客机 C919 的主风挡窗框。

多材质同时成形可以大大简化装配流程，提高产品的结构强度，但多材质同时成形一直是制造业生产中的一个工艺难题，所以在传统制造业中很少将两种以上的不同材料进行同时加工成形。而 3D 打印技术的出现解决了这一工艺难题。

在生物医疗领域，3D 打印技术已经解决了生物相容材料的加工问题，目前正开始向直接打印复杂生物组织的方向发展。可以预想将来我们可以通过 3D 打印技术制造出没有任何排异反应的替换组织，可以完美地还原我们自身的器官形态，这将是人类医疗史和生物工程史上的巨大进步。

3D 打印技术要进一步扩展其产业应用空间，目前仍面临着多方面的瓶颈和挑战。3D 打印技术的成本一直居高不下，直到近年来才真正进入企业和个人可以接受的范围之内。要进行精确的 3D 打印，必须建立一个精确的坐标系统，这就涉及到涵盖软硬件两方面的诸多问题。以选择性激光烧结技术为例，该技术需要一系列复杂的机构来驱动反射镜，将工作光源所产生的激光投射到相应的位置，这对机构的精确度要求很高，同时需要软件系统的实时配合，才能实现高效的打印过程。而打印所需的材料也需要特别的工艺来制备。而利用 FDM 等非光学成型技术的 3D 打印则需要一系列电动机来带动喷头或是工件在三维空间内运动，为了提高精度，转动部件和电动机也有相当严格的技术要求，电动机在运转过程中的制动惯量也会影响打印机的精度。而且大部分 3D 打印技术的成形条件较为苛刻，能耗较高。这些问题导致 3D 打印技术在相当长的时间里只能在少数企业和部门中得以应用，时至今日，高精度 3D 打印机的价格仍然价格不菲。

复习思考题

1. 简述制造自动化技术的内涵。
2. 工业机器人由哪些部分组成？一般分为几类？
3. 什么是柔性制造技术？
4. 简述 3D 打印技术的原理。
5. 3D 打印技术的优点有哪些？

第 5 章

先进制造生产模式

5.1 并行工程

5.1.1 并行工程的定义

并行工程是指对产品制造过程和支持过程进行并行设计的一种系统化的生产模式，这种生产模式力图使开发者从一开始就考虑到产品整个生产周期中所有的因素，包括质量、成本、进度与用户需求等。其中所谓的支持过程包括原材料的获取、中间产品库存、工艺过程设计、生产计划、使用维护、售后服务等。并行工程的核心是实现产品及其相关过程设计的集成。传统的顺序设计方法与并行设计方法的比较如图 5-1 所示。由图可见，并行设计可以使新产品开发时间大大缩短。

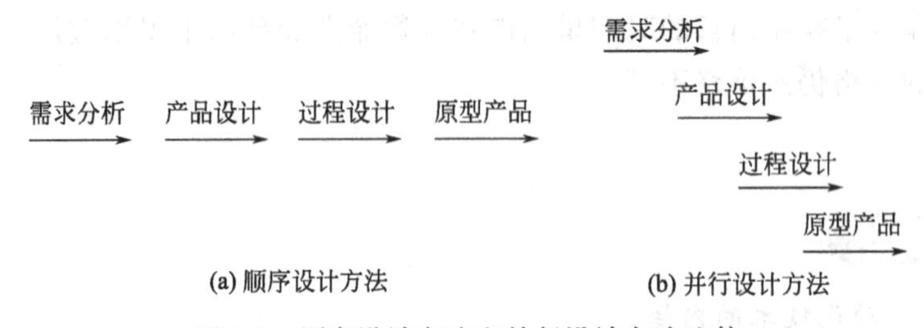

图 5-1 顺序设计方法和并行设计方法比较

并行工程依赖于产品开发过程中各职能部门人员的相互合作、相互信任和信息共享，通过彼此间的有效交流，尽早考虑产品全生命周期中各种因素，尽早发现和解决问题，以达到各项工作的协调一致。

5.1.2 并行工程的特点

并行工程包括设计、制造、装配、安装及维修等各环节的内容，并行工程设计在进行过程中要与用户保持密切联系和沟通，以充分满足用户要求，并缩短新产品投放市场的周期，实现最优的产品质量、成本和可靠性。并行工程还要求把产品信息与开发过程有机地集成起来，做到把正确的信息在正确的时间以正确的方式传递给正确的人。大量实践表明，实施并行工程可以获得明显的经济效益。据统计，实施并行工程可以使新产品开发周期缩短40％～60％，产品报废及返工率减少 75％，产品制造成本降低 30％～40％。

5.1.3 并行工程关键技术

一个产品的研发过程中的任何一个环节如果没有得到满足，就可能导致产品研发的失败。因此设计者在研发时要能正确选择合理的设计结构和参数。例如在飞行器设计过程中，采用串行方式时，首先进行系统各个部件的开发，一旦在装配过程产生冲突，解决起来就极为麻烦。如果采用并行工程的思想，在飞行器设计之初，可先布局模型，再分配到各个分系统设计小组，总体组一直监控各个子系统的研发过程，不断计算设定值与实际值的偏差，直到各个子系统开发完成。并行工程是一种以空间换取时间来处理系统复杂性的系统化方法，它以信息论、控制论和系统论为基础，在数据共享、人机交互等工具支持下，按多学科、多层次协同一致的组织方式工作，并行工程的实施有如下关键技术。

（1）产品开发过程的重构

并行工程与传统开发方式的本质区别在于它把产品开发的各个活动视为一个集成的过程，从全局优化的角度出发对该集成过程进行管理和控制，并且对已有的产品开发过程进行不断的改进与提高，这种方法被称为产品开发过程重构。并行工程产品开发的本质是过程重构，企业要实施并行工程，就要对企业现有的产品开发流程进行深入的分析，找到影响产品开发进展的根本原因，重新构造一个能为各方接受的新模式。实现新的模式需要两个保证条件：一是组织上的保证，二是计算机工具和环境的支持。产品开发过程重构的基础是过程模型。

（2）并行工程的组织结构

并行工程要求打破部门间的界限，组成跨部门多专业的集成产品开发团队，这个开发团队的任务目标，一是提高质量，二是降低成本，三是缩短开发周期。

（3）面向装配和制造的设计

面向装配的设计主要包括制定装配工艺规划，考虑装拆的可行性，优化装配路径，通过装配仿真考虑装配干涉等，它能有效减少产品最终装配阶段时的返工，有效缩短产品开发周期，并可以优化产品结构，提高产品质量。

面向制造的设计主要思想是在产品设计时不但要考虑功能和性能要求，而且要同时考虑制造的可能性、高效性和经济性。其目标是在保证功能和性能的前提下使制造成本最低。在这种设计与工艺同步考虑的情况下，很多隐含的工艺问题能够及早暴露出来，避免了很多设计返工，而且对不同的设计方案，根据可制造性进行评估取舍，根据加工费用进行优化，能显著地降低成本，增强产品的竞争力。

（4）产品信息集成

并行工程的集成产品开发团队消除了信息的操作者、操作方式、操作对象因为部门而带来的割裂问题，保证了产品信息控制的统一性和连贯性。跨部门、跨阶段的微循环使许多原来封闭于部门内、阶段内的信息更多地被揭示出来，更符合产品信息自身的流动规律，从而保障产品信息的时效性。产品信息集成可分下面几种。

（1）消息通信

这是最低级的信息集成层次，是目前绝大部分软件所采取的方式，也是现有操作系统如

Windows、UNIX 所支持的方式。但消息结构过于简单，难以表达复杂数据结构。

(2) 数据共享

数据共享理论中有一个难以逾越的障碍，即参与共享的两个软件之间必须用一致的信息模型，才能保证信息模型从一个软件系统直接传递到另一个软件系统，不同类软件之间不可能拥有完全一致的信息模型，这就使得使企业信息集成难以实现。产品数据共享的条件是数据库，然而企业内存在大量的非数据库共享管理方式。因此应提供数据共享机制。目前 IGES、STEP 等标准可在一定程度上实现产品数据共享和传递。IGES 是一套美国国家标准，它使得图形和基本的几何数据可以在绘图和造型系统之间交换。然而，几何交换仅仅是数据交换的一部分，产品数据却涵盖许多图形和几何以外的东西，STEP 标准可完美解决这一问题。目前可采用可扩展标记语言（XML）描述需共享的数据（及其结构），这为为解决信息模型流动的问题提供了参考。

(3) 互操作

数据共享只能实现数据在产品全生命周期各个环节中的流动，还需要支持对数据的加工操作。只有当企业内的所有软件都具备互操作能力，才能构成一个完整的过程。

(4) 数据与知识重用

实施并行工程还需要实现数据与知识重用，将企业管理者和工程师所积累的经验转化为企业的资源。当今数据挖掘技术是实现产品数据与知识重用的一种重要方法。数据挖掘是从大量不完全的、有噪声的、模糊和随机的数据中提取隐含在其中的有用的信息和知识的过程。随着信息技术的高速发展，人们积累的数据量急剧增长，如何从海量的数据中提取有用的知识成为当务之急。数据挖掘就是为顺应这种需要而产生发展起来的数据处理技术。

并行工程在现阶段已成功地用于机械、电子、化工等工程领域，其应用范围还在进一步扩大。目前并行工程的研究热点主要包括并行工程的基础理论研究、制造环境建模、并行工程集成框架、面向并行工程的企业体系结构和组织机制、并行工程中产品开发过程的管理等。随着工业界对并行工程方法的深入研究和应用，并行工程的思想也在不断得到丰富和发展。

5.2 精益生产

5.2.1 精益生产的基本概念

精益生产是运用多种现代管理方法和手段，以充分发挥人的作用为根本目标，有效配置和合理使用企业资源，为企业谋求最大经济效益的一种新型生产方式。精益生产方式可以很好地消除无效劳动，它有以下两个原则。

(1) 最大限度地满足市场多元化的需要

企业要想让自己的产品被消费者所接受就必须使产品多元化，而且还需以最快的速度设计制造出消费者满意的产品。

(2) 最大限度地降低成本

精益生产方式主张用最少的人干最多的活，减少资源浪费，减少资金占用量，力争使产品在质量、性能相同的情况下成本最小。

精益生产方式综合了单件生产与大量生产的优点，既弥补了前者的高成本缺陷，又克服了后者的僵化的缺点，具有以下特征。

(1) 以“人”为中心，生产线一旦出现问题，每个工人都有权把生产线停下来，以分析问题，解决问题。

(2) 以“简化”为手段，简化企业的组织机构，简化产品的开发过程，简化零部件的制造过程，简化产品的结构。总之，简化一切不必要的工作内容，消灭一切浪费。

(3) 以“尽善尽美”为最终目标，要求以100%的合格率从前道工序流到后道工序。

5.2.2 精益生产的体系结构

5.2.2.1 准时制作业

准时制作业的基本含义是在所需要的时间、按所需要的数量生产所需要的产品，其目的是加快半成品的流动，将资金的积压减少到最低限度，从而提高企业的生产效益。工序间的零件是小批量流动，甚至是单件流动，在工序间基本不积压或者完全不积压半成品。

图5-2所示是生产线的传统调度和准时制作业调度的示意图。

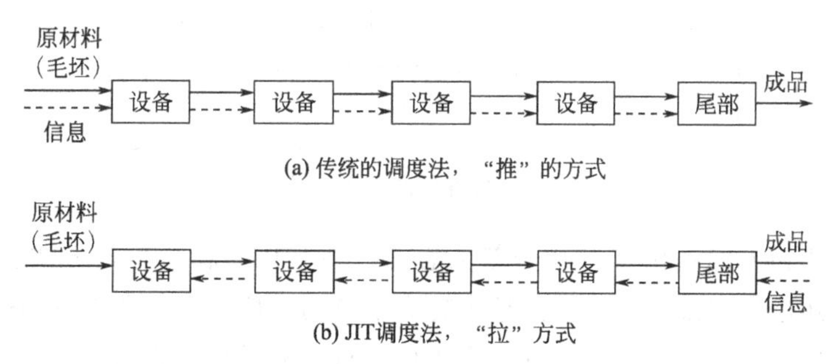

图5-2 生产线的传统调度和准时制作业调度

在准时制作业调度模式下，只有在下一道工序需要零部件或半成品时，上一道工序才生产。这样既能及时地满足下道工序的要求，又可防止材料、半成品、零部件的积压。

5.2.2.2 成组技术

成组技术是把相似的问题归类成组，寻求解决这一组问题的最优方案，以取得所期望的经济效益。在制造加工方面采用成组技术，可以将多种零件按其工艺的相似性分类成组，以形成零件族，能使小批量生产获得接近于大批量生产的经济效果。

5.2.2.3 全面质量管理

全面质量管理是实施精益生产方式的重要保证。全面质量管理采用预防型的质量控制方案，强调精简机构，优化管理，赋予基层单位高度自治权，全面质量管理有以下几层含义。

(1) 全方位质量管理

不仅对产品的功能，而且对产品的寿命、可靠性、安全性及可负担性等多方面进行质量管理。

（2）全过程质量管理

不仅对加工制造过程，而且对产品设计开发、外协准备、制造装配、检查试验、售后服务等所有环节进行管理。

（3）全员质量管理

全企业的所有人员都参与质量管理，不断改进方案，强化全员的质量意识。

如果把精益生产看成一幢大厦，大厦的基础就是计算机网络支持下的并行工作方式和小组化工作方式，大厦的支柱就是准时制生产、成组技术和质量管理，精益生产体系则是大厦的屋顶，如图 5-3 所示。

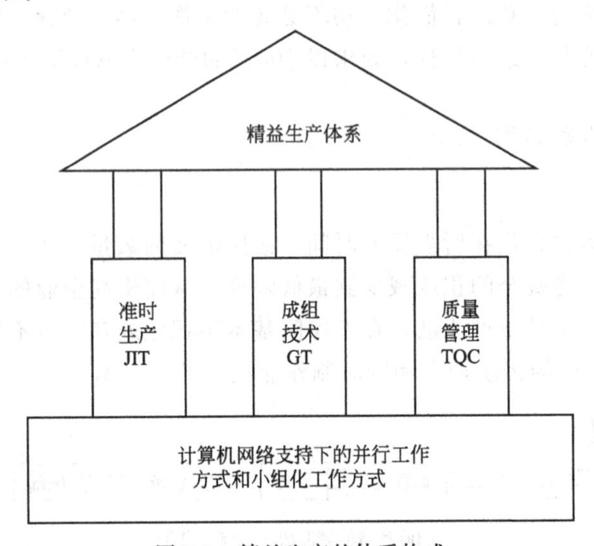

图 5-3 精益生产的体系构成

精益生产方式为人们提供了一种全新的思路。在我国，精益生产方式已先后在一汽集团、上海大众、跃进汽车集团、唐山爱信齿轮有限公司推广，取得了很好的效果。一汽集团的变速箱厂、铸造厂、工具厂、标准件厂都先后推行了精益生产方式，初步建立了全方位的生产组织运行机制，均取得显著成效。

5.3 敏捷制造

5.3.1 敏捷制造的内涵

敏捷制造目前尚无统一的定义，一般可以认为：敏捷制造是企业通过与市场，用户、合作伙伴在更大范围、更高程度上的集成，以提高企业竞争能力，最大限度地满足市场用户的需求，实现对市场需求做出灵活快速反应的一种制造生产新模式。敏捷制造的目的就是迅速地响应市场的变化，在尽可能短的时间内制造出能够满足市场需要的低成本、高质量的产品，并快速投放到市场。图 5-4 为敏捷制造的概念示意图。

敏捷制造思想的出发点包括：市场用户是谁；市场用户的需求是什么；企业对市场做出快速响应是否值得；如果企业做出快速响应，能否获取利益。

实施敏捷制造的技术可分为产品设计和企业并行工程、虚拟制造、制造计划与控制、智

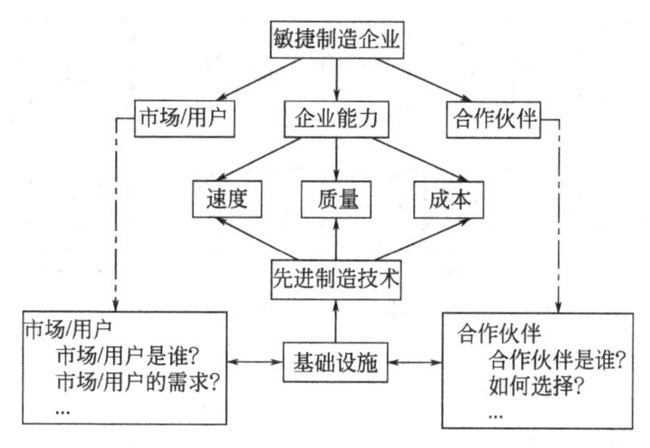

图 5-4 敏捷制造概念示意图

能闭环加工和虚拟公司五大类。

(1) 产品设计和企业并行工程

产品设计和企业并行工程就是按照客户需求进行产品设计、分析和优化，并在整个企业内实施并行工程，产品设计者在设计阶段就可同时考虑产品整个生命周期的所有重要因素，诸如质量、成本、性能、可制造性、可装配性、可靠性、可维护性。

(2) 虚拟制造

虚拟制造提供一个功能强大的模型和仿真工具集，包括产品设计及性能仿真、工艺及加工仿真、装配仿真等，并且在制造过程中使用这些工具。由于产品设计和制造是在数字化虚拟环境下进行的，因而克服了传统试制样品投资大的缺点。

(3) 制造计划与控制

制造计划与控制的任务就是描述一个集成的环境系统和决策支持系统。

(4) 智能闭环加工

智能闭环加工应用先进的控制系统改进车间的各种重要的参数，使得产品质量能够得到保证，以达到改进车间生产的目标。

(5) 虚拟公司

虚拟公司又称动态联盟，是面向产品经营过程的一种动态组织结构和企业群体集成方式，是由企业内部有优势的部分和外部有优势的企业按照资源、技术和人员的最优配置快速组成的一个功能单一的临时性经营实体，目的是迅速抓住市场机遇。虚拟公司的生命周期取决于产品的市场机遇，一旦所承接的产品和项目完成，机遇消失，虚拟公司就自行解体，各类人员立即转入到其他项目。虚拟公司的生命周期如图 5-5 所示。

5.3.2 敏捷制造的实施

从系统化的角度看，敏捷制造的一般实施方法可由 5 层组成，即企业敏捷制造战略选择层、企业敏捷化建设及经营策略变更层、企业的技术准备层、敏捷制造系统的构建层、敏捷制造系统运行与管理技术层。图 5-6 展示了敏捷制造实施的一般流程。

(1) 企业敏捷制造战略选择层

企业敏捷制造战略选择层的主要任务是进行企业的竞争优势分析与评估，首先确定企业

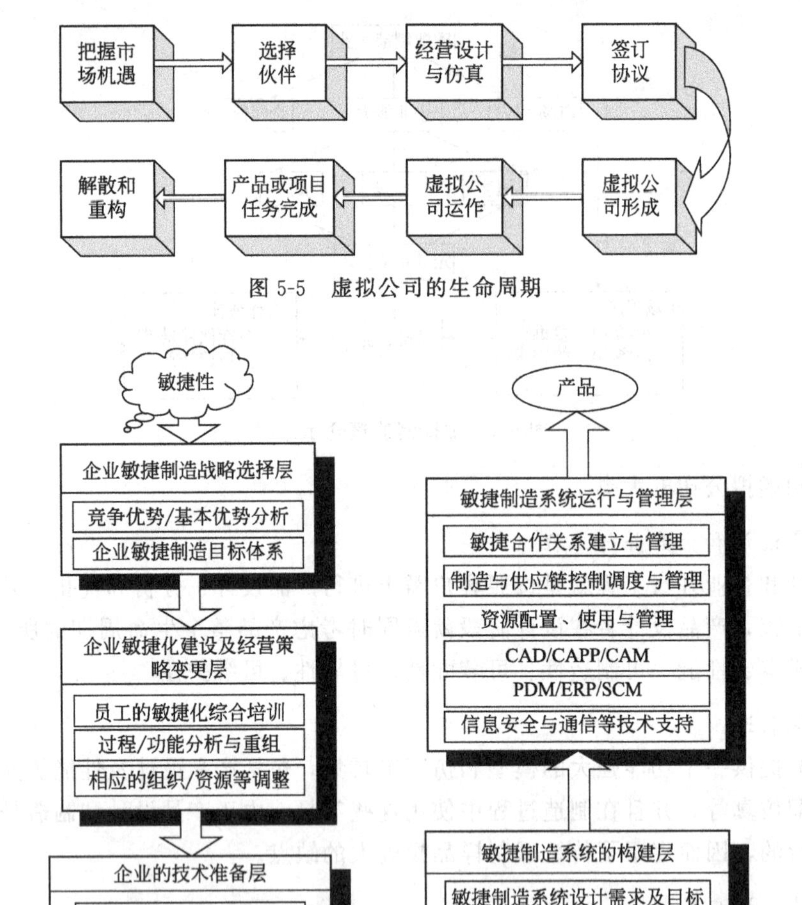

图 5-5　虚拟公司的生命周期

图 5-6　敏捷制造实施的一般流程

的战略目标和短期目标，确定企业的目标竞争优势，在分析本企业的核心优势及生产周期的基础上，合理分配资源，制订明确具体的战略体系。

(2) 企业敏捷化建设及经营策略变更层

企业的敏捷化建设及经营策略变更层的主要任务则是分析企业的过程与功能，以便判断是否及如何对企业资源尤其是核心资源进行调整，为企业重组提供必要的工程依据。

(3) 企业技术准备层

企业技术准备层的主要任务是完成企业的敏捷化改造。相关的内容包括企业信息化与标准化工作、企业重组、基础信息框架建立、各种使能技术的应用等。

(4) 敏捷制造系统的构建层

敏捷制造系统构建层的主要任务是从结构化分析与结构化设计的角度出发，进行系统逻辑层面的建模及物理系统的构建，从而形成功能、过程、组织、信息、资源间的交互与集成。

(5) 敏捷制造系统运行与管理层

敏捷制造系统运行与管理层的主要任务是控制、调度、管理实际的敏捷制造系统。

5.4 智能制造系统

智能制造系统是集自动化、柔性化、集成化和智能化于一身，并不断向纵深发展的具有高技术含量和高技术水平的先进制造系统。与传统制造系统相比，其具有以下特征。

(1) 自律能力

能搜集与理解环境信息和自身信息，并进行分析判断和规划。图5-7所示为自律型智能制造系统，若其中的一台钻削中心刀具发生了折断，系统会检测到，然后将自动减慢传送带传送速度，以便后面机床代替加工。为了不影响生产效率，系统能够做出自我决策，如采取提高切削速度，加大进给量等措施，以维持系统原来的生产节拍。

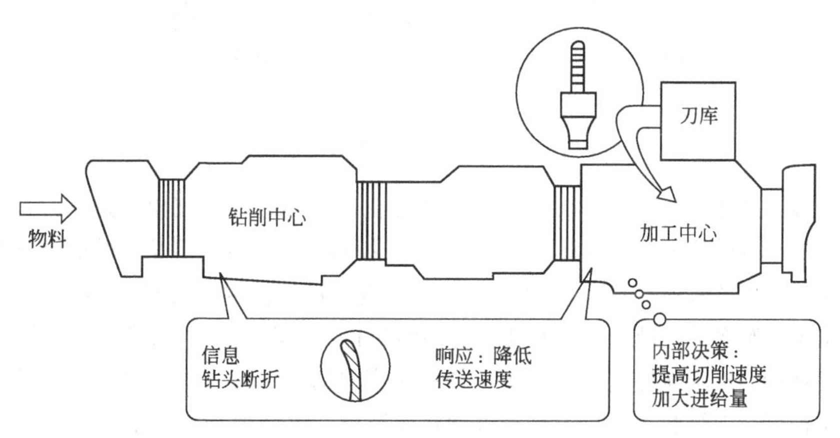

图5-7 自律性智能制造系统

(2) 人机一体化

人机一体化使人机之间表现出一种平等共事、相互“理解”、相互协作的关系，使二者在不同的层次上各显其能，相辅相成。

(3) 虚拟现实功能

可借助各种音像和传感装置，虚拟展示现实生活中的各种过程，使人从感官上获得完全如同真实情景的感受。其特点是可以按照人们的意愿任意变化。

(4) 自组织与超柔性

各组成单元能够依据工作任务的需要自行组成一种最佳结构，其柔性不仅表现在运行方式上，而且表现在结构形式上，所以称这种柔性为超柔性。

(5) 学习能力与自我维护能力

智能制造系统能够在实践中不断地充实知识库，具有学习功能。同时在运行过程中能自行完成故障诊断，并对故障进行排除，具有自我维护的能力。这种特征使智能制造系统能够自我优化并适应各种复杂的环境。

智能制造系统最基本的组成单元是传感器、执行器和基于知识的控制系统（如采用人工神经元网络等方法）。图 5-8 所示为智能机器的功能和信息流，智能机器首先接收来自传感器和输入设备的外部信息，然后通过智能控制器对外部信息进行识别、判断、推理，并作出相应的反应，最后通过执行器付诸实施。

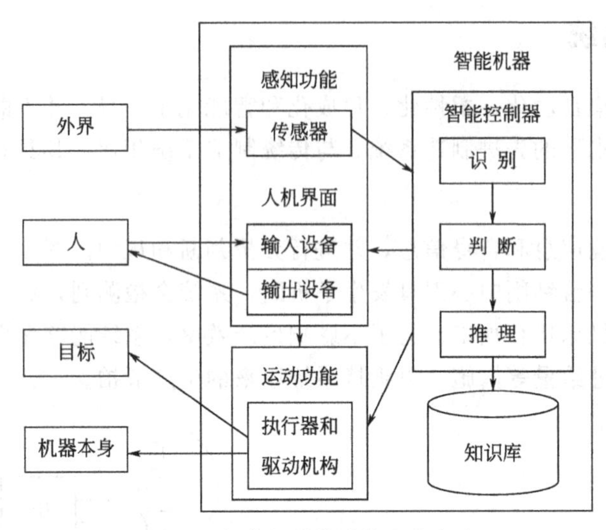

图 5-8 智能机器的功能和信息流

当一台机床在工作时，机床—刀具—工件系统会产生多种物理现象，如力、热、变形、振动、噪声等，使用各种传感器（如力、温度、位移、视角和声音等）可从中采集出与加工最密切的信息，首先将在现场采集到的信息量化后输入预先建立的实体加工模型，其次将输出结果与期望值比较，确定控制变量，最后将控制变量传递给执行器以驱动整个系统进入所要求的加工状态，具备此种功能的机床称为“智能机床”。智能机床的基本结构如图 5-9 所示。在切削过程中，传感器对加工精度、工具状态、切削过程进行在线监测，依据神经网络系统诊断刀具磨损或破损、工艺系统颤振等异常状态；当故障发生时，便启动知识处理机，参照已存储的知识，决策修正加工条件，排除机床的异常状态。机床系统的决策推理由两个推理模块完成：一是预测推理，二是控制推理。预测推理模块事前对异常情况进行推理，提供异常情况处理对策表，以供异常情况发生时检索调用；控制推理模块的职责是决定对已发生的异常情况采取相应处理对策。为了确保实时性，由管理模块对所发生的事件进行时间管理。

图 5-10 为一种智能加工中心机床主机的结构方案，该机床选用了一个六自由度力传感工作台，分别用来检测 X、Y、Z 三个轴向分力和三个力矩分力。力传感工作台固定在一个二维失效保护工作台上，当力矩超过额定载荷时，它将自动移动并发出报警信号。在刀杆内装有内装力传感器、失效保护元件或可塑性元件，可用来检测和传递切削力信息，以保证机床安全运行。在立柱、主轴箱等机床表面布置有机床变形传感器，可直接检测机床在受热、受力作用下的结构变形。机床附近还布置了视觉传感器和声传感器，用来监视机床的整个加工过程。该机床方案还给立柱设计了一个执行机构，它能根据智能控制器的命令作出相应的位移补偿。

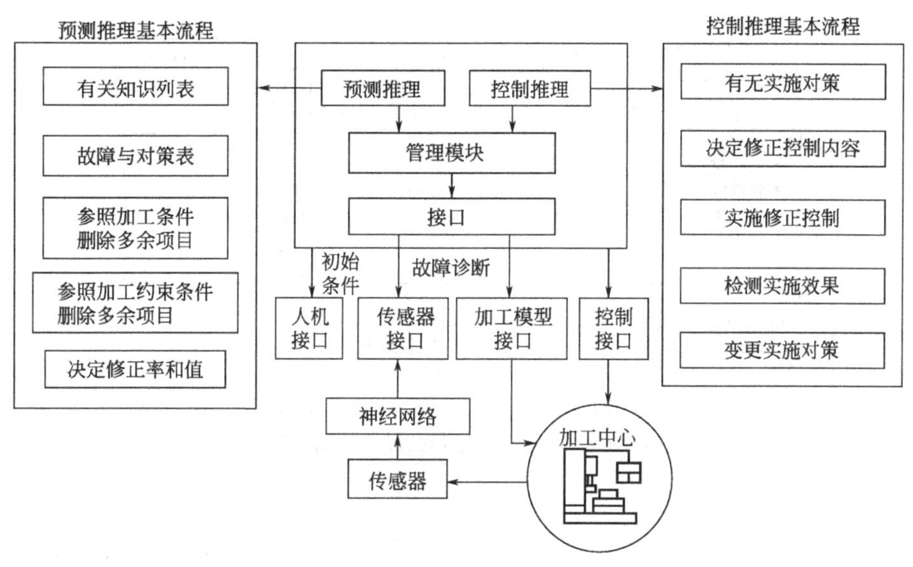

图 5-9 智能机床的基本结构

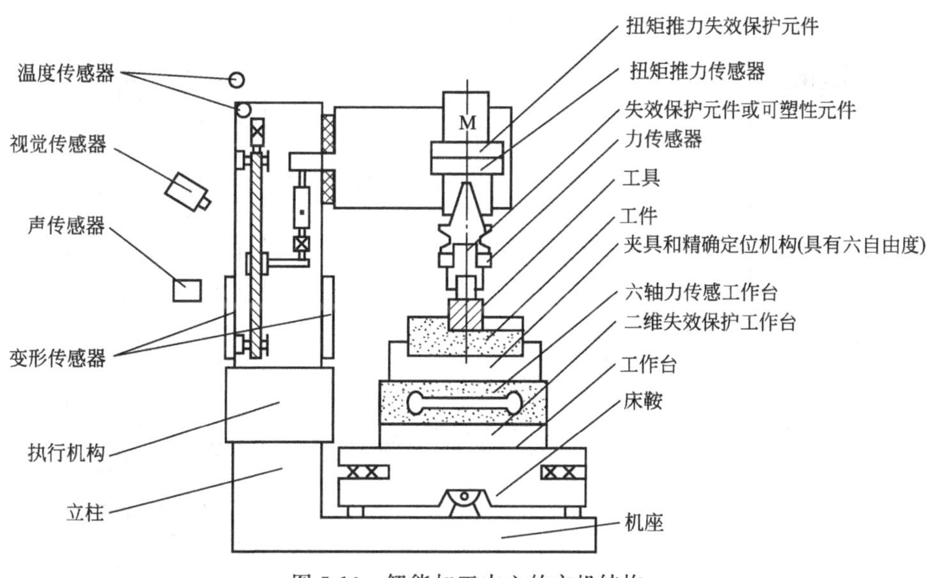

图 5-10 智能加工中心的主机结构

5.5 绿色制造

制造过程是一个复杂的输入输出系统。输入生产系统的资源和能源一部分转化为产品，另一部分则转化为废弃物，排入环境，如图 5-11 所示。

20 世纪 70 年代以来，工业污染导致环境恶化、生态系统失衡的问题越来越突出，在这种形势下产生了绿色制造的概念。

绿色制造是综合考虑环境影响和资源利用效率的现代制造模式，其含义体现在两个方面，一是指在生产过程中采用各种高新技术，使生产过程中消耗的各种资源（能源、材料等）尽可能少，同时生产过程对环境的污染尽可能少；二是对用于制造产品的原材料进行慎

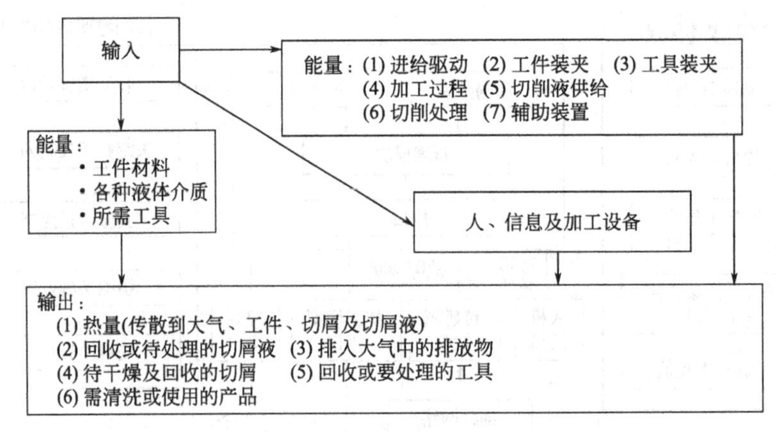

图 5-11 产品生产过程的输入输出简图

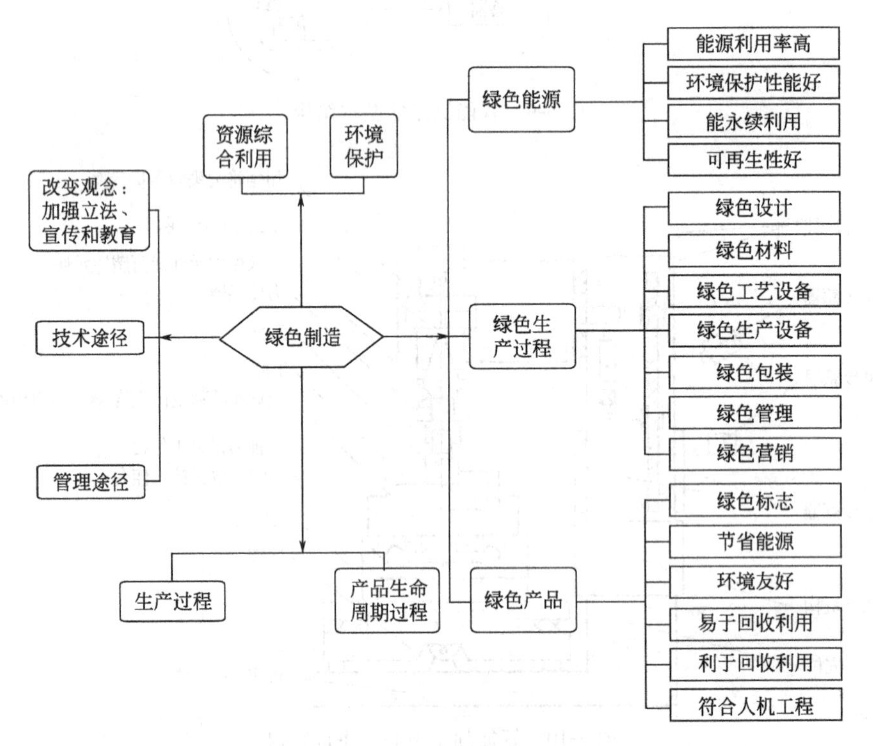

图 5-12 绿色制造的体系结构

重的选择，使产品本身可回收利用，不污染环境。绿色制造的体系结构如图 5-12 所示。

绿色制造是一个动态概念，绝对的绿色制造是不存在的，它是一个不断发展的过程。

绿色设计除了考虑产品的功能、性能、寿命、成本等属性外，还要考虑产品在生产、使用、废弃和回收过程中对环境和资源的影响。

(1) 产品可拆卸性设计

可拆卸性是绿色产品设计的主要内容之一，它要求在产品设计的初级阶段就将可拆卸性作为结构设计的一个评价准则，使所设计的结构易于拆卸、维护方便，并在产品报废后能充分有效地回收和重用，用以达到节约资源和能源、保护环境的目的。

（2）产品可回收性设计

可回收性设计包括以下几个方面的内容：①可回收材料及标志；②可回收工艺与方法；③可回收性经济评价；④可回收性结构设计。

（3）产品环境性能设计

在设计产品时应尽可能满足环境保护的要求，减少环境污染物，降低能耗，减少噪声。

传统的切削加工都要使用切削液，切削液对环境的污染较为严重。干式切削加工不采用任何冷却液，简化了工艺，减少了成本和污染。

复习思考题

1. 并行工程的含义、目的及其主要特点是什么？
2. 并行设计与传统串行设计的本质区别是什么？
3. 精益生产的基本思想是什么？试描述其特征。
4. 简述精益生产系统的实施过程与主要措施。
5. 分析精益生产的思维特点和体系结构。
6. 敏捷制造的含义是什么？
7. 什么是智能制造？试述其典型过程。
8. 何谓绿色制造？其设计方法有哪些？

第6章

先进生产管理技术

6.1 现代生产管理技术概述

20世纪初，被誉为“科学管理之父”的泰勒在他的《科学管理原则》一书中主张工时制和工件制，首倡科学生产管理运动，标志着生产与运作管理作为一门学科的诞生。1913年，福特公司采用专业化分工和流水作业的生产方式安装了第一条汽车装配流水线，使生产率大幅度提高，揭开了现代化大生产的序幕。20世纪40年代至60年代，运筹学的一些理论和方法被广泛用于生产管理领域，线性规划、库存论、网络技术等一系列定量分析方法在生产管理中发挥了重要的作用，企业管理也开始进入现代生产管理的新阶段。到了70年代，计算机技术在生产管理中广泛应用，生产管理的研究范围不断扩大，由原来单纯对制造业生产管理的研究扩展到非制造业的运作管理研究，形成了现今的生产与运作管理学科。图6-1所示为制造业生产方式的演变。在18世纪初，一般采用单件作坊式的生产方式，特点是组织结构松散，管理层次简单，产品的价格高，生产周期长。20世纪初，造业进入大批量生产方式时代，特点是生产规模变大，专业化程度和劳动生产率提高，成本随之下降。80年代以来，出现了并行工程、精益生产、快速重组、敏捷制造等新模式，可统称为高效敏捷的集成经营生产方式。

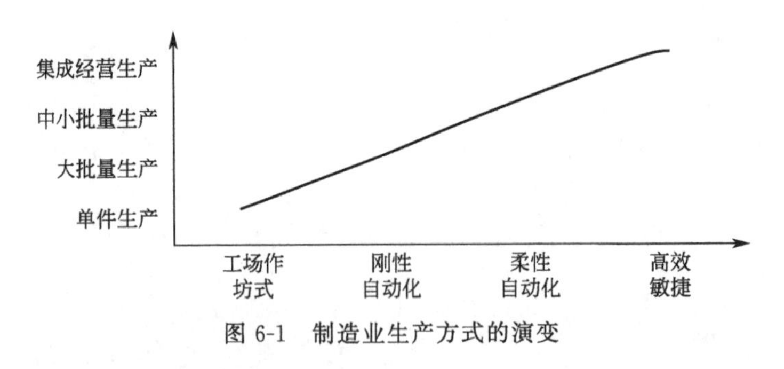

图6-1 制造业生产方式的演变

现代生产管理技术具有以下特点：

① 以技术为中心向以人为中心转变；

② 从递阶多层管理向扁平网络式结构转变，强调结构简化，减少层次，增强灵敏性。

③ 由顺序工作方式向并行作业方式转变；

④ 从固定组织形式向动态的、自主管理的群体工作小组形式转变；

⑤ 企业从单纯竞争走向竞争/结盟之路；

⑥ 质量是企业尊严和品牌价值的起点，快速响应市场的竞争策略是制胜的法宝；

⑦ 技术创新成为企业竞争的焦点。

6.2 生产管理信息系统

生产管理信息系统是以电子计算机为基本信息处理手段，以现代通信设备为基本传输工具的能提供生产管理决策信息服务的人机系统，具有如下特点：

① 生产管理信息系统是一个人机结合的辅助管理系统；

② 它主要以解决结构化的管理问题为主。

③ 它主要完成信息处理业务，是生产组织的信息交换中心。

④ 它以高速度、低成本地完成数据处理为前提，追求系统处理问题的效益。

⑤ 它的设计思想是实现一个相对稳定、协调的工作环境。

⑥ 在信息模型和处理过程相对确定的情况下，数据是驱动系统工作的内在动力。

⑦ 它强调处理方法的科学性、客观性，力求使系统的求解达到最优化。

⑧ 管理信息系统具有动态性。

生产管理信息系统的发展经历了以下几个阶段。

(1) *物料需求计划*（MRP）

MRP 围绕物料转化来组织资源，实现按需生产。对于加工装配式企业，如果确定了产量和出产时间，就可确定所有零件和部件的数量，并按各种零件和部件的生产周期，反推出它们的出产时间和投入时间。MRP 是以零件为对象的生产计划，但它并不是孤立地去安排各种零件的生产进度，而是以产品结构为依据，保持各零件在产品结构中的层次关系，以此来编排各零件的生产进度。它通过物料清单（BOM）文件来描述各零件在产品中的层次关系和数量，根据产品设计文件、工艺文件、物料文件和生产提前期等资料自动生成 BOM 表，MRP 工作原理框图如图 6-2 所示。

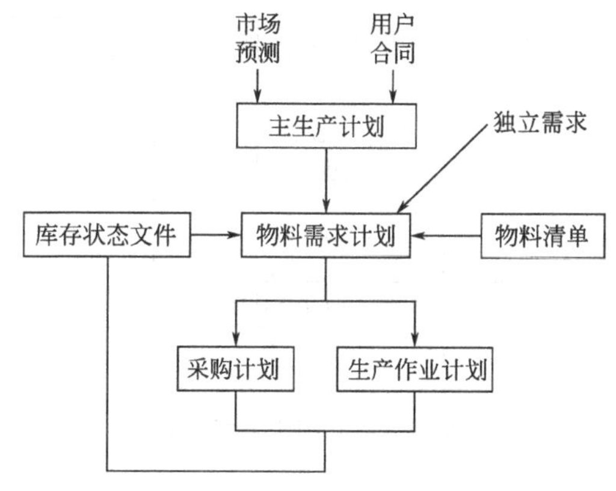

图 6-2 MRP 工作原理框图

MRP 的基本输入为：①主生产计划：反映计划生产的产品名称、数量和交货日期，由企业计划部门编制；②物料清单：反映产品结构组成和零部件间层次隶属关系的产品结构文件，由 CAD 系统产生；③库存状态：包括每一物件的现有库存量、计划入库量、已分配量等信息；④独立需求：不依赖于其他需求而独立存在的需求，如不在主生产计划之内的零配件。

MRP 的基本输出为：①下达计划订单，包括外购件的采购订单和自制件的定制订单；②计划日程改变的通知；③下达订货取消或暂停通知；④库存状态报告，未来一段时间的计划定单。

MRP 的计算方法如下。

直接批量法：订货批量等于需求量，用于价格高，不允许有过多生产或保存的物料。

固定批量法：每次加工/订货数量一致，间隔时间不一定相同，用于订货费用较大的物料。

固定周期法：每次加工/订货的周期相同，但其数量不一定相同，常用于内部自制件的生产加工。

经济批量法：订购和保管费用之和为最低的最佳批量法，其计算公式为

$$EOQ=\sqrt{\frac{2\times 年总需求量\times 每次订购成本}{物料单价\times 保管成本}}$$

MRP 的计算逻辑如图 6-3 所示。

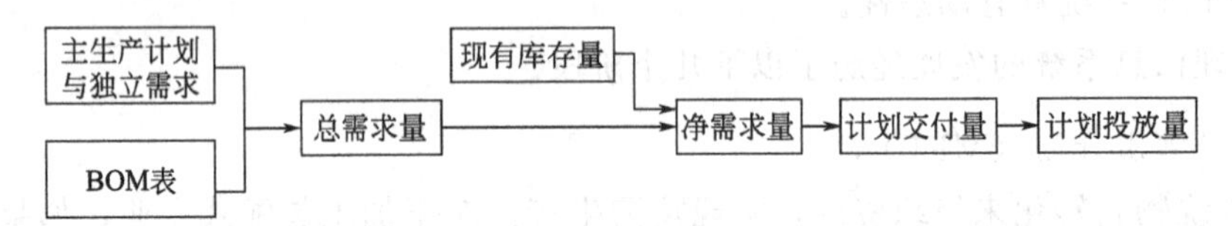

图 6-3 MRP 计算逻辑图

MRP 系统发展到一定阶段后，产生了闭环 MRP 系统，如图 6-4 所示。闭环 MRP 能较好地解决计划与控制问题，是 MRP 理论的一次大飞跃。

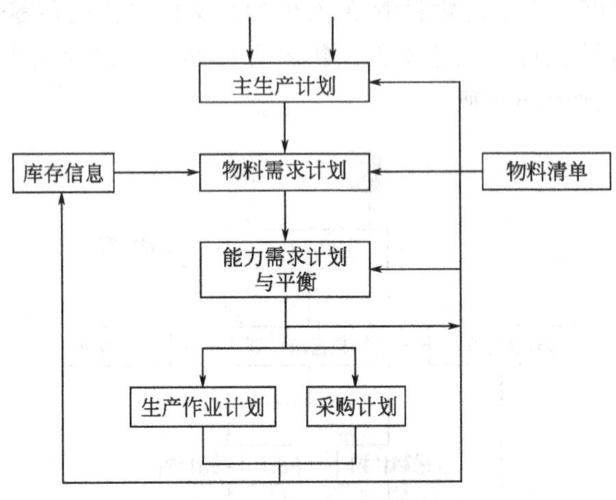

图 6-4 闭环 MRP 系统框图

闭环 MRP 的特点如下。

① 主生产计划来源于企业的生产经营计划与市场需求。

② 主生产计划与物料需求计划的运行伴随着负荷能力的运行，从而保证计划是可靠的。

③ 采购与生产加工的计划执行过程同时也是控制能力的投入与产出过程；

④ 计划的执行情况最终反馈到计划制定层，通过计划完成情况的信息反馈来控制计划

的执行，整个过程是计划的不断执行与调整的过程，以保证MRP计划的实现。

(2) 制造资源计划（MRP Ⅱ）

制造资源计划出现于20世纪70年代末期，又称MRP Ⅱ，是在物料需求计划基础上发展出的一种规划方法，它以物料需求计划MRP为核心，覆盖企业生产活动所有领域。具体来说，它以优化配置企业资源，确保企业连续、均衡地生产，实现信息流、物流与资金流的有机集成和提高企业整体水平为目标，以计划与控制为主线，面向企业产、供、销、财等各个环节。它代表了一种新的生产管理思想，又是一种新的生产组织方式，具有广泛的适用性。

① 制造资源计划的原理。MRP Ⅱ在考虑企业实际生产能力的前提下，以最小的库存保证生产计划的完成，同时对生产成本加以管理，实现企业物流、信息流和资金流的统一。MRP Ⅱ是对制造业企业资源进行有效计划的一整套方法，它围绕企业的基本经营目标，以生产计划为主线，对企业制造的各种资源进行统一计划和控制，使企业的物流、信息流、资金流流动畅通，并实现动态反馈。需求量、提前期与加工能力是MRP Ⅱ制订计划的主要依据。

② MRP Ⅱ结构组成。MRP Ⅱ系统结构包括生产规划、主生产计划、粗能力平衡计划、物料需求计划、能力需求计划与能力平衡、生产作业计划、采购计划、库存管理、财务管理、市场供应和市场销售等。MRP Ⅱ系统结构如图6-5所示。

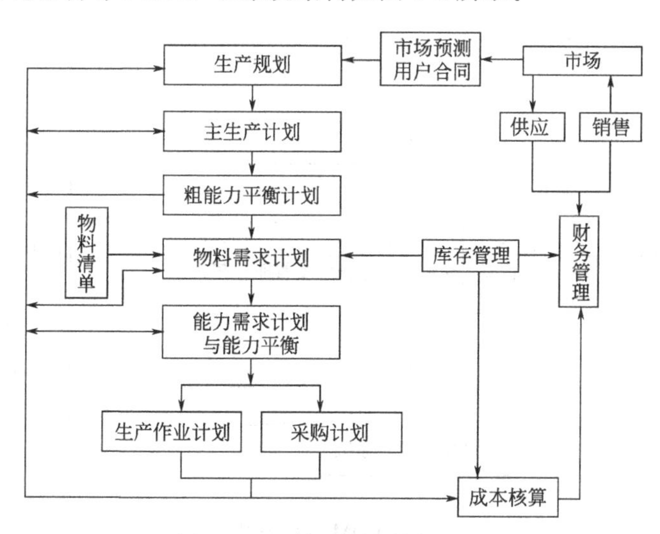

图6-5 MRP Ⅱ系统结构框图

MRP Ⅱ集企业的产、供、销、财务系统于一体，对企业资源进行统一的规划和控制，企业所有与生产经营有关的部门联结成一个整体，不存在条块分割，团队精神得到加强，全体成员共享内部数据库，动态应变性好，可随时根据环境变化迅速作出响应，及时调整决策，保证生产正常进行。

③ 企业资源计划（ERP）。ERP是在MRP Ⅱ基础上把客户需求、企业内部资源以及供应商外部资源整合在一起形成的以供应链管理为核心的管理系统，ERP的系统组成包括企业战略经营系统，营销与市场集成系统，完善企业成本管理机制的财务管理系统，技术开发和工程设计系统，及时生产制造支持系统。在当前以客户为中心的市场经济时代，企业关注

的焦点逐渐由过去关注产品转移到关注客户上来，ERP 把企业组织看作是一个社会系统，强调人们之间的合作的功能，给员工制定科学的工作评价标准，以调动每个员工的积极性，发挥出每个员工的最大潜能，并全面整合企业内外资源。图 6-6 所示是 ERP 供应链中的物料流、信息流和资金流 。

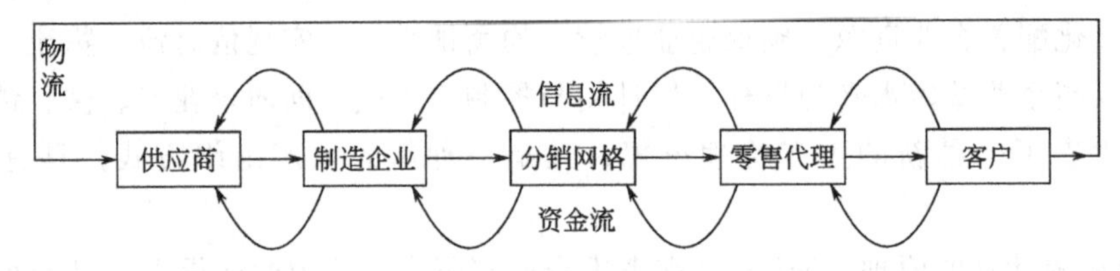

图 6-6　ERP 供应链中的物料流、信息流和资金流

6.3　产品数据管理技术

产品数据管理技术（PDM）可以帮助管理人员追踪产品在设计、制造、销售、售后维修各环节的信息统计数据，着重于管理产品的设计资源，通过集成产品的设计资源达到与其他系统进行更高层次的集成。PDM 产生于 20 世纪 80 年代初，当时主要是为了解决大量工程图样和技术文档的管理问题，提供数据、文件、文档的内容管理、版本管理、产品结构管理和工作流程管理解决方案。PDM 的体系结构如图 6-7 所示。

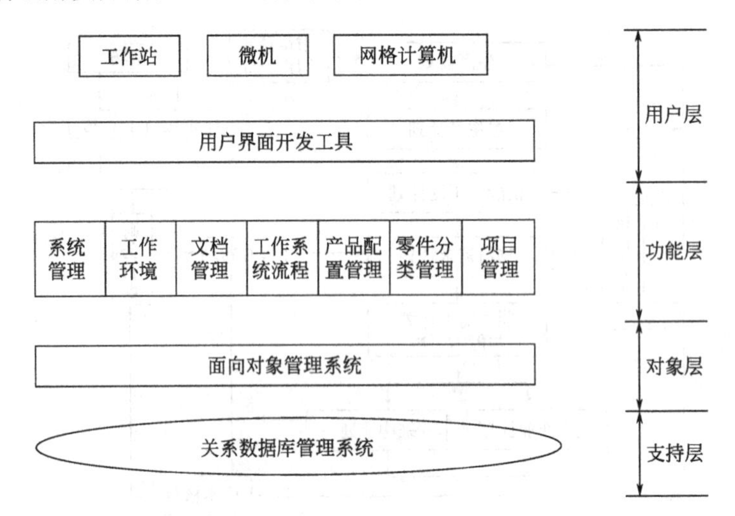

图 6-7　PDM 的体系结构

PDM 系统包含以下几个层：

支持层：以关系型数据库为支持平台，提供数据的存、取、删、改、查等管理功能；

对象层：用一个二维表记录产品图形目录，另一个二维表记录图形版本变化过程，由若干其他二维表描述产品数据动态变化和更改流程。

功能层：包括系统管理、工作环境管理、文档管理、产品配置管理、工作流程管理等基本功能模块。

用户层：提供人机界面、开发工具。

PDM 系统的主要功能如下。

（1）电子资料管理和检索

以关系型数据库为基础，支持各种查询与检索，实现产品数据的信息共享。

（2）产品配置管理

把有关产品的所有数据和文档联系起来，对产品对象关系进行维护和管理。

（3）工作流程管理

对产品设计开发过程进行跟踪管理，包括工程数据的提交、修改、监视审批等，以保证设计工作的顺利进行。

（4）项目管理功能

包括项目及其属性的修改、任务的分派、项目的进展、人力资源利用、信息统计等。

PDM 系统可以与其他系统集成，图 6-8 所示为 PDM 与 CAD/CAPP/CAM 的集成信息系统示意图，图 6-9 所示为 PDM 与 ERP 集成信息系统示意图。

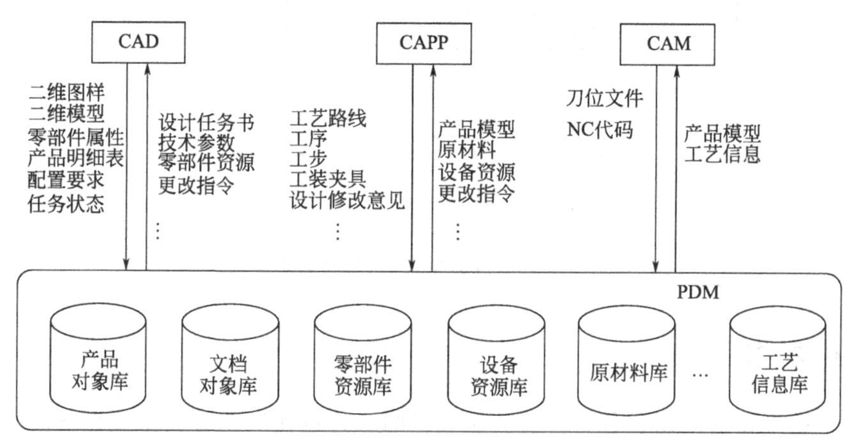

图 6-8 PDM 与 CAD/CAPP/CAM 的集成信息系统

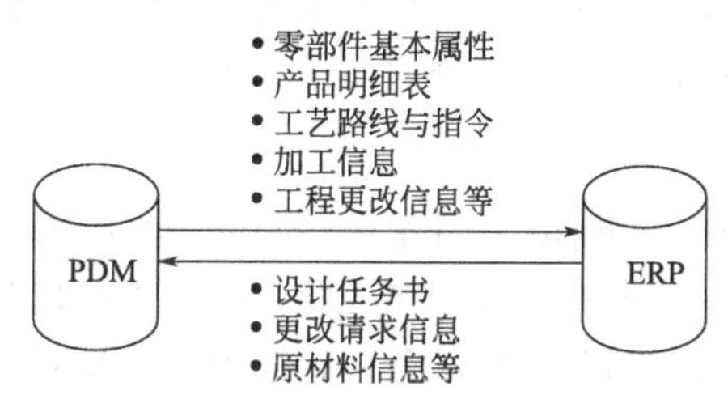

图 6-9 PDM 与 ERP 集成信息系统

6.4 及时生产技术

所谓及时生产，就是在必要的时候各道生产加工工序都能得到必要数量的物品。例如在汽车流水装配作业中，装配所需的零件要在必要的时刻到达生产线的旁边。及时生产的核心目标有四个，一是库存量最低，二是废品量最低，三是设备保持完好（零故障），四是准备时间最短。传统的生产顺序是前一道工序向后一道工序供应物，例如在汽车的生产线上，材料经过加工成为零件，零件组合起来成为一套部件，再流向最后的装配线的过程中，也就随着生产工序由前一道进入到后一道，汽车就这样装配成了。而及时生产技术是由后一道工序在必要的时刻向前一道工序领取必要数量的东西，化大批量为小批量，尽可能做到只生产一件，只传送一件，只储备一件，不准额外生产，宁可中断，决不积压在制品，各环节保证产品质量，在降低成本的同时保证产品质量不会降低。及时生产体系结构如图 6-10 所示。

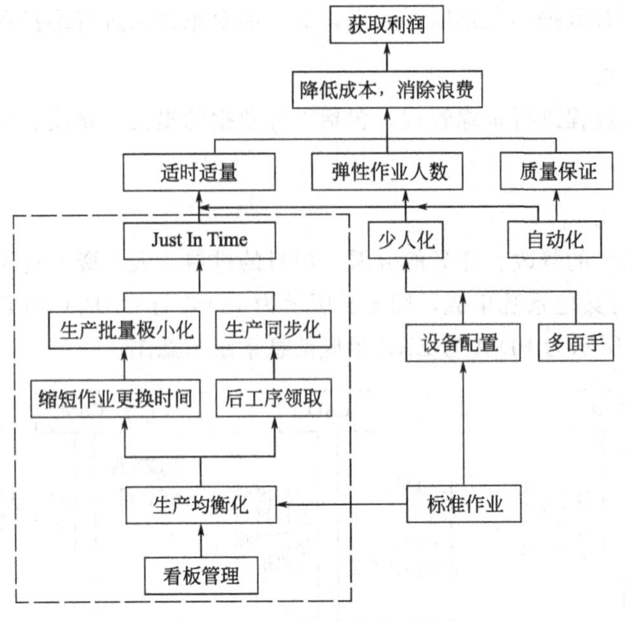

图 6-10 及时生产的体系结构

6.5 质量管理的发展

伴随着日趋激烈的市场竞争，目前产品质量的含义也在发生着变化，它不仅反映在产品的耐用性方面，还反映在产品的可靠性、安全性、可维护性等方面，因此质量控制对提高产品的市场竞争力有着极其重要的意义。质量管理作为一门科学，也是随着整个社会生产的发展而发展的，质量管理的发展过程大致可分为如下三个阶段。

（1）质量检验阶段

从 19 世纪大工业生产方式出现至 20 世纪 40 年代，这个阶段的产品质量管理的特征是按照规定的技术要求对已完成的产品进行严格检验，通过事后把关性质的质量检查对已生产出来的产品进行筛选，把不合格品与合格品分开，这种被动检验的方法缺乏对检验费用和质量保证问题的研究，对预防废品出现的作用较为薄弱。

（2）统计质量控制阶段

从 20 世纪 40 年代末至 60 年代初，这个阶段的产品质量管理的特征是由事后把关变为事前预防，并广泛应用数理统计方法辅助控制产品质量，即不是等一个工序的整批零件加工完后才去进行事后检查，而是在生产过程中定期地进行抽查，并把抽查结果当成一个反馈信号，以便能及时发现和消除不正常的原因，防止废品的产生。

（3）全面质量管理阶段

自 20 世纪 60 年代以来，随着科学技术的迅速发展和市场竞争的日趋激烈，新技术、新工艺、新设备、新材料不断涌现，产品更新换代的速度大大加快，影响产品质量的因素已不像以前那样只有几十几百个，而是达到成千上万个，其中对任一个生产细节管理的疏漏都容易造成全局性损失，在这种形势下，全面质量管理也就应运而生，并且很快得到了全面的推广和运用，所取得的效果也非常显著。

复习思考题

1. 分别描述 MRP、MRPⅡ、ERP 的结构组成和功能特点。
2. 分析产品数据管理 PDM 的含义、体系结构、主要功能。

参考文献

[1] 王隆太．先进制造技术．北京：机械工业出版社，2012.
[2] 李长河，丁玉成．先进制造工艺技术．北京：科学出版社，2011.
[3] 刘文波．先进制造技术．沈阳：东北大学出版社，2007.
[4] 朱江峰．先进制造技术．北京：北京理工大学出版社，2007.
[5] 王庆明．先进制造技术导论．上海：华东理工大学出版社，2007.
[6] 刘玲．数控技术．北京：化学工业出版社，2014.
[7] 刘延林．柔性制造自动化概论．北京：华中科技大学出版社，2007.
[8] 袁福根．精密与特种加工技术．北京：北京大学出版社，2007.
[9] 王振龙．细微加工技术．北京：国防工业出版社，2008.
[10] 兰虎．工业机器人技术及应用．北京：机械工业出版社，2014.
[11] 郁元正．现代数控机床原理与结构．北京：机械工业出版社，2013.
[12] 刘鑫．逆向工程技术应用教程．北京：清华大学出版社，2013.
[13] 白基成，刘晋春．特种加工（第6版）．北京：机械工业出版社，2014.
[14] 韩霞．快速成型技术与应用．北京：机械工业出版社，2012.